全国中医药行业中等职业教育"十三五"规划教材

药用植物学基础

（第二版）

（供中药、中药制药等专业用）

主 编◎袁国卿

中国中医药出版社
·北 京·

图书在版编目（CIP）数据

药用植物学基础/袁国卿主编. —2版. —北京：中国中医药出版社，2018.9（2023.9重印）

全国中医药行业中等职业教育"十三五"规划教材

ISBN 978 - 7 - 5132 - 4883 - 9

Ⅰ.①药…　Ⅱ.①袁…　Ⅲ.①药用植物学 - 中等专业学校 - 教材　Ⅳ.①Q949.95

中国版本图书馆 CIP 数据核字（2018）第 074722 号

中国中医药出版社出版

北京经济技术开发区科创十三街31号院二区8号楼
邮政编码　100176
传真　010 - 64405721
保定市西城胶印有限公司印刷
各地新华书店经销

开本 787×1092　1/16　印张 13.5　字数 273 千字
2018 年 9 月第 2 版　2023 年 9 月第 6 次印刷
书号　ISBN 978 - 7 - 5132 - 4883 - 9

定价　48.00 元
网址　www.cptcm.com

服务热线　010 - 64405510

购书热线　010 - 89535836

维权打假　010 - 64405753

微信服务号　zgzyycbs

微商城网址　https://kdt.im/LIdUGr

官方微博　http://e.weibo.com/cptcm

天猫旗舰店网址　https://zgzyycbs.tmall.com

如有印装质量问题请与本社出版部联系（010 - 64405510）

李伏君（千金药业有限公司技术副总经理）

李灿东（福建中医药大学校长）

李建民（黑龙江中医药大学佳木斯学院教授）

李景儒（黑龙江省计划生育科学研究院院长）

杨佳琦（杭州市拱墅区米市巷街道社区卫生服务中心主任）

吾布力·吐尔地（新疆维吾尔医学专科学校药学系主任）

吴　彬（广西中医药大学护理学院院长）

宋利华（连云港中医药高等职业技术学院教授）

迟江波（烟台渤海制药集团有限公司总裁）

张美林（成都中医药大学附属针灸学校党委书记）

张登山（邢台医学高等专科学校教授）

张震云（山西药科职业学院党委副书记、院长）

陈　燕（湖南中医药大学附属中西医结合医院院长）

陈玉奇（沈阳市中医药学校校长）

陈令轩（国家中医药管理局人事教育司综合协调处副主任科员）

周忠民（渭南职业技术学院教授）

胡志方（江西中医药高等专科学校校长）

徐家正（海口市中医药学校校长）

凌　娅（江苏康缘药业股份有限公司副董事长）

郭争鸣（湖南中医药高等专科学校校长）

郭桂明（北京中医医院药学部主任）

唐家奇（广东湛江中医学校教授）

曹世奎（长春中医药大学招生与就业处处长）

龚晋文（山西卫生健康职业学院／山西省中医学校党委副书记）

董维春（北京卫生职业学院党委书记）

谭　工（重庆三峡医药高等专科学校副校长）

潘年松（遵义医药高等专科学校副校长）

赵　剑（芜湖绿叶制药有限公司总经理）

梁小明（江西博雅生物制药股份有限公司常务副总经理）

龙　岩（德生堂医药集团董事长）

中医药职业教育是我国现代职业教育体系的重要组成部分，肩负着培养新时代中医药行业多样化人才、传承中医药技术技能、促进中医药服务健康中国建设的重要职责。为贯彻落实《国务院关于加快发展现代职业教育的决定》(国发〔2014〕19号)、《中医药健康服务发展规划（2015—2020年)》(国办发〔2015〕32号)和《中医药发展战略规划纲要（2016—2030年)》(国发〔2016〕15号)(简称《纲要》)等文件精神，尤其是实现《纲要》中"到2030年，基本形成一支由百名国医大师、万名中医名师、百万中医师、千万职业技能人员组成的中医药人才队伍"的发展目标，提升中医药职业教育对全民健康和地方经济的贡献度，提高职业技术院校学生的实际操作能力，实现职业教育与产业需求、岗位胜任能力严密对接，突出新时代中医药职业教育的特色，国家中医药管理局教材建设工作委员会办公室（以下简称"教材办"）、中国中医药出版社在国家中医药管理局领导下，在全国中医药职业教育教学指导委员会指导下，总结"全国中医药行业中等职业教育'十二五'规划教材"建设的经验，组织完成了"全国中医药行业中等职业教育'十三五'规划教材"建设工作。

中国中医药出版社是全国中医药行业规划教材唯一出版基地，为国家中医中西医结合执业（助理）医师资格考试大纲和细则、实践技能指导用书、全国中医药专业技术资格考试大纲和细则唯一授权出版单位，与国家中医药管理局中医师资格认证中心建立了良好的战略伙伴关系。

本套教材规划过程中，教材办认真听取了全国中医药职业教育教学指导委员会相关专家的意见，结合职业教育教学一线教师的反馈意见，加强顶层设计和组织管理，是全国唯一的中医药行业中等职业教育规划教材，于2016年启动了教材建设工作。通过广泛调研、全国范围遴选主编，又先后经过主编会议、编写会议、定稿会议等环节的质量管理和控制，在千余位编者的共同努力下，历时1年多时间，完成了50种规划教材的编写工作。

本套教材由50余所开展中医药中等职业教育院校的专家及相关医院、医药企业等单位联合编写，中国中医药出版社出版，供中等职业教育院校中医（针灸推拿）、中药、护理、农村医学、康复技术、中医康复保健6个专业使用。

本套教材具有以下特点：

1. 以教学指导意见为纲领，贴近新时代实际

注重体现新时代中医药中等职业教育的特点，以教育部新的教学指导意见为纲领，注重针对性、适用性以及实用性，贴近学生、贴近岗位、贴近社会，符合中医药中等职业教育教学实际。

2. 突出质量意识、精品意识，满足中医药人才培养的需求

注重强化质量意识、精品意识，从教材内容结构设计、知识点、规范化、标准化、编写技巧、语言文字等方面加以改革，具备"精品教材"特质，满足中医药事业发展对于技术技能型、应用型中医药人才的需求。

3. 以学生为中心，以促进就业为导向

坚持以学生为中心，强调以就业为导向、以能力为本位、以岗位需求为标准的原则，按照技术技能型、应用型中医药人才的培养目标进行编写，教材内容涵盖资格考试全部内容及所有考试要求的知识点，满足学生获得"双证书"及相关工作岗位需求，有利于促进学生就业。

4. 注重数字化融合创新，力求呈现形式多样化

努力按照融合教材编写的思路和要求，创新教材呈现形式，版式设计突出结构模块化，新颖、活泼、图文并茂，并注重配套多种数字化素材，以期在全国中医药行业院校教育平台"医开讲－医教在线"数字化平台上获取多种数字化教学资源，符合职业院校学生认知规律及特点，以利于增强学生的学习兴趣。

本套教材的建设，得到国家中医药管理局领导的指导与大力支持，凝聚了全国中医药行业职业教育工作者的集体智慧，体现了全国中医药行业齐心协力、求真务实的工作作风，代表了全国中医药行业为"十三五"期间中医药事业发展和人才培养所做的共同努力，谨此向有关单位和个人致以衷心的感谢！希望本套教材的出版，能够对全国中医药行业职业教育教学的发展和中医药人才的培养产生积极的推动作用。需要说明的是，尽管所有组织者与编写者竭尽心智，精益求精，本套教材仍有一定的提升空间，敬请各教学单位、教学人员及广大学生多提宝贵意见和建议，以便今后修订和提高。

国家中医药管理局教材建设工作委员会办公室

全国中医药职业教育教学指导委员会

2018 年 1 月

《药用植物学基础》
编 委 会

为贯彻落实全国中医药职业教育教学指导委员会《关于加快发展中医药现代职业教育的意见》和《中医药现代职业教育体系建设规划（2015—2020)》精神，依据教育部《中等职业学校中药专业教学标准（试行)》，遵循中等职业教育基础理论教学以"需用为准、够用为度、实用为先"的原则，结合中药专业教学实际，编写了这本教材。

本教材在内容编排上，从药用植物器官形态到显微结构，先宏观后微观，既符合教学习惯，又尊重认知规律，便于教与学；在内容取舍上，注重基础知识、基本理论和基本技能，力争最大限度地实现在校学习与岗位需求的"无缝"对接。各章节备有思考题，有利于学生把握和巩固重点，帮助学生提高思辨能力和培养学生主动学习意识。书末附录中安排了实训指导内容，使教材能与实践性教学环节相配套。知识链接则拓展了课程视野。

药用植物学是一门形态科学，给学习者以直观性的感受尤为重要，因此，教材中安排了200余幅彩色插图，更加突出课程特色。

本教材适合中等职业学校中药、中药制药等专业学生使用，也可供广大中药爱好者阅读。中药专业计划64学时，其中理论38学时，实训26学时，另行安排1~2周的野外实践教学。

本教材的编写分工是：绪论和第一章由袁国卿、程晓卫编写，第二章由张德胜、蒋文婧编写，第三章由鹿萍编写，第四、五章由陈红波、魏国栋编写，第六章由周敏、张璐、于英俊编写，实训指导由张璐、鹿萍编写，墨线图由袁国卿涂彩。

编写过程中参阅了许多专家、学者的研究成果和著作，并得到了各编者单位领导的大力支持和鼓励，在此一并致谢！限于学识和水平，书中若有不妥之处，恳请广大师生和读者朋友提出宝贵意见，以便再版时修订提高。

《药用植物学基础》编委会

2018年7月

目录

3

绪　论

自然界大约有 50 万种植物，这郁郁葱葱、千姿百态的植物使我们的世界绚丽多彩，为地球上的生命提供了稳定的能量来源，也为人类的生存和繁衍默默地奉献着。中药的来源主要是植物，对疾病有防治作用或对人体有保健功能的植物称药用植物。20 世纪 80 年代第三次全国中药资源普查表明，我国中药资源种类已达 12807 种，其中药用植物11146 种。

一、药用植物学的性质和任务

药用植物学（pharmaceutical botany）是利用植物学的知识和方法来研究药用植物的形态、构造、分类以及生长发育规律的一门学科。药用植物学是中药专业的专业基础课，是中药鉴定学、中药化学、中药栽培学和中药资源学等课程的基础。药用植物学与中药的基源研究、品质评价、临床效用以及新药开发研究密切相关，其主要任务是：

1. 鉴定中药的原植物种类，确保药材来源的准确　我国药用植物种类繁多，中药具有多源性特点，各地用药习惯存在差异，使得中药同名异物、同物异名的混乱现象比较普遍，这不仅造成了"大黄不泻，黄连不苦""病准、方对、药不灵"的问题，甚至会发生严重的中毒事故，危及患者生命。如中药大黄，《中华人民共和国药典（2015 年版）》（以下简称《药典》）确定的基源植物为大黄属中掌叶组的掌叶大黄 *Rheum palmatum* L.、唐古特大黄 *R. tanguticum* Maxim. et Balf. 或药用大黄 *R. officinale* Baill.，均具有良好的泄热通便作用；而波叶组的波叶大黄 *R. undulatum* L.、河套大黄 *R. hotaoense* C. Y. Cheng et Kao、华北大黄 *R. franzenbachii* Munt. 等则几乎无泄热作用，不能当作中药"大黄"用。有的地区把野八角 *Illicium simonsii* Maxim. 的果实当作八角茴香 *I. verum* Hook. f. 使用，但这种果实含有毒性成分莽草毒素（anisatin）和 2 - 氧 - 6 - 去氧新莽草毒素，易发生中毒。所以，必须加强对中药原植物的分类鉴定，澄清混乱品种。在鉴定中药品种时，应运用植物分类学知识和现代科技手段确定中药原植物的种类，逐步做到一药一名，保证其来源的准确

1

性；同时研究药用植物的外部形态、内部构造和地理分布，解决中药材存在的名实混淆问题，对中药材科研、生产和临床用药的安全、有效、稳定以及资源开发均具重要意义。

2. 调查研究药用植物资源，实现中药资源的可持续利用　随着生命科学的发展和人类返璞归真、崇尚自然的心态日益增强，中药资源越来越受到全世界的青睐。中药资源能否实现可持续利用，是 21 世纪中药产业生存与发展的关键，实现中药资源的可持续利用成为药用植物学的主要任务之一。通过调查研究药用植物资源的分布、生态环境、资源蕴藏量、濒危程度、利用状况，为药用植物资源的可持续利用提供依据。

我国植物资源仅被子植物就有 3 万余种，许多没有得到开发利用。如何运用现代科学技术，发挥中医药优势，更好地合理利用我国特有植物资源，发现新的药源、新的活性成分，进而研制出高效新药，满足人民医疗、保健需要，促进经济发展，已成为医药工作者的突出任务。中药、民间药和民族药是我国珍贵的医药遗产，几十年来，医药工作者从本草记载的多品种来源中药，如黄芩、贝母、细辛、柴胡等中发现同属多种具有相同疗效的药用植物；从本草记载治疗疟疾的青蒿（黄花蒿）*Artemisia annua* L. 中分离得到高效抗疟成分青蒿素；20 世纪 50 年代运用系统学方法，通过资源普查找到了降压药萝芙木 *Rauvolfia verticillata*（Lour.）Baill.，取代了进口蛇根木 *R. serpentina*（L.）Benth. ex Kurz. 生产降压灵；70 年代在广西、云南找到了可供生产血竭的剑叶龙血树 *Dracaena cochinchinensis*（Lour.）S. C. Chen，解决了国内生产血竭的资源空白问题；从红豆杉科红豆杉属多种植物的茎皮、根皮及枝叶中得到紫杉醇，发现其具有较好的抗肿瘤作用等。几十年的成果表明，药用植物学对开发利用和保护药用植物资源具有重要意义。

二、药用植物学发展简史

我国药用植物学是在"神农尝百草，一日遇七十毒"的传说中逐渐发展起来的。早在 3000 多年前的《诗经》和《尔雅》中就分别记载 200 种和 300 种植物，其中约 1/3 为药用植物。我国历代记载药物的著作称"本草"。药用植物学的发展与本草的发展紧密相连，我国历代本草文献有 400 多部。现存的第一部记载药物的专著《神农本草经》收载药物 365 种，其中植物药 237 种。南北朝·梁代陶弘景的《本草经集注》载药 730 种，多数为植物。唐代苏敬等编写的《新修本草》（又称《唐本草》）是以政府名义编修、颁布的，被认为是我国第一部国家药典，该书载药 844 种，并附有药物图谱，是第一部图文对照的本草著作，其中不少是外来药用植物，如郁金、诃子、胡椒等。明代李时珍经过 30 多年努力于 1578 年完成了《本草纲目》的编纂，全书载药 1892 种，其中植物药 1100 多种。《本草纲目》集 16 世纪以前中国古代医药学之大成，被誉为"中国古代百科全书"，其严密的科学性、系统性、先进性和实践性，对我国和世界植物分类贡献巨大。清代吴其濬编写的《植物名实图考》及《植物名实图考长编》共记载植物 2552 种，是一部论述植物的专著，该书记述详实、插图精美，是研究和鉴定药用植物的重要文献。

中华人民共和国成立后，国家昌盛，科技进步，中医药事业蓬勃发展。全国各地陆续成立了中医药院校、中药及药用植物研究机构，培养了大批药用植物研究人才，为中药及天然药物的基础研究做出了重要贡献。出版的《中国药用植物志》（1955～1985）共9册，收载药用植物450种，并附有插图；《全国中草药汇编》收载植物药2074种；《中药大辞典》收载药物5767种，其中植物药4773种。根据第三次全国中药资源普查数据，1994年出版了《中国中药资源丛书》，包括《中国中药资源》《中国中药资源志要》《中国中药区划》《中国常用中药材》《中国药材地图集》和《中国民间单验方》，是一套系统的中药资源专著。1999年由国家中医药管理局主持编纂出版的《中华本草》共35卷，载药11012种，该书系统总结了我国两千年来本草学成就并反映当代中药学科研成果，是继《本草纲目》以来对我国本草学发展的又一次划时代总结。

三、学习药用植物学的方法

药用植物学是一门实践性很强的学科，学习时要理论联系实际，采用多观察、多比较、反复实践的方法。通过细致观察，增强对药用植物的形态结构和生活习性的全面认识；通过系统比较，找出植物形态结构的异同点，汇同辨异，准确理解；通过反复实践，循序渐进，逐步深入，达到牢固掌握的目的。

学习药用植物学要十分重视实训和野外实习。通过实训，培养科学严谨的作风和实事求是的态度，掌握好专业技能；通过实习，锻炼分析问题和解决问题的能力，增强对本课程的兴趣和对本专业的热爱，为专业课程的学习奠定坚实的基础。

教材仅是一本最简单的入门课本，要想学好药用植物学，还要多看参考书，开阔眼界，启迪思维，拓展知识面；也要充分利用丰富的药用植物网络资源以扩展教材内容，如中国在线植物志 http：//www. eflora. cn、中国植物图像库 http：//www. plantphoto. cn、中国数字植物标本馆 http：//www. cvh. ac. cn、中国自然标本馆 http：//www. cfh. ac. cn 等为学习药用植物学提供了大量的植物图像信息。

中国植物的"活词典"——吴征镒

吴征镒（1916—2013）院士是著名植物学家，从事植物学研究和教学七十年。他主编的《中国植物志》（中、英文版）是表征我国高等植物特征与分布最完整的著作。他发表和参与发表的植物新分类群1766个，是中国植物学家发现和命名植物最多的一位，改变了中国植物主要由外国学者命名的历史。他科学地划分了中国植物属和科的分布区类型并阐明了其历史来源，形成了独创性的区系地理研究方法和学术思想。他提出建立"自然保护区"和"野生种质资源库"的建议并得到国家实施，为我国生物多样性的保护和资源可持续利用做出了前瞻性的部署。由于对植物研究的深厚功底和广博知识，吴征镒被誉为中国植物的"活词典"，获 2007 年中国国家最高科学技术奖。

第一章

药用植物器官形态

【学习目标】

1. 能辨认主根与侧根、定根与不定根、直根系与须根系；能识别不同类型变态根的特征。

2. 能识别茎的主要形态特征；能辨别茎的类型；能识别不同类型变态茎的特征。

3. 能描述各种植物叶片的形态；能辨别复叶的类型；能识别不同类型变态叶的特征。

4. 能识别花的各个组成部分；能辨认不同类型的花冠和花序；能辨别雄蕊、雌蕊的类型。

5. 能辨别果实的类型；能识别不同类型果实的特征。

6. 能识别种子的各个组成部分；能辨别种子的类型。

器官是具有特定形态和功能的结构单位。被子植物有根、茎、叶、花、果实和种子六种器官，其中，根、茎和叶能够吸收、制造营养物质，维持植物体生长发育，称为营养器官；花、果实和种子具有繁殖后代、延续种族的作用，称为繁殖器官。各种器官在植物的生命活动中是相互依存的有机体，它们在生理功能和形态结构上都有着密切联系。

第一节 根

根通常是植物体生长在土壤中的营养器官，具有向地性、向湿性和背光性，有吸收、固着、输导、支持、贮藏和繁殖等功能。植物体生活所需要的水分和无机盐，都是靠根从土壤中吸收来的。根还具有合成蛋白质、氨基酸、生物碱、激素等物质的能力，许多植物根可供药用，如人参、乌头、黄芪、甘草等。

一、根的类型

1. 主根和侧根

种子萌发时，最先突破种皮的是胚根，由胚根生长发育形成的根为主根。当主根生长到一定程度，就从其侧面生长出许多分枝，称为侧根；在侧根上还能形成小分枝纤维根。

2. 定根和不定根

主根和侧根是直接或间接由胚根发育而来，有固定的生长部位，称为定根。有些根不是直接或间接由胚根发育而来，而是从茎、叶或其他部位生出，没有固定的生长部位，称为不定根。如小麦、玉米的种子萌发后，由胚根发育成的主根不久即枯萎，又从茎的基部节上长出许多大小、长短相似的须根来，这些根就是不定根。菊、柳的枝条插入土中后所生出的根都是不定根，在植物栽培上常利用此特性进行扦插、压条繁殖。

二、根系的类型

一株植物所有根的总和称为根系。由于根的发生和形态不同，根系分直根系和须根系两种类型。（图 1 - 1）

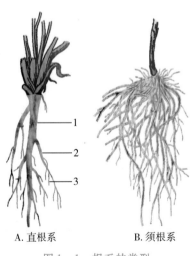

A. 直根系　　　　B. 须根系

图 1 - 1　根系的类型

1. 主根　2. 侧根　3. 纤维根

1. 直根系

主根发达，主根和侧根界限非常明显的根系称直根系。它的主根通常较粗大，一般垂直向下生长，从主根上逐级产生侧根。一般双子叶植物和裸子植物的根系是直根系，如甘草、人参和蒲公英。

2. 须根系

主根不发达或早期死亡，从茎基部节上生长出许多大小、长短相仿的不定根，簇生成胡须状，没有主次之分的根系称须根系。一般单子叶植物具有须根系，如大蒜、百合、薏苡；也有少数双子叶植物是须根系，如毛茛、车前草、龙胆、徐长卿、白薇。

三、根的变态

在进化过程中，根为适应生长环境和自身功能的需要，形态构造发生了许多变化，称为根的变态。常见类型有下列几种。（图1-2，图1-3）

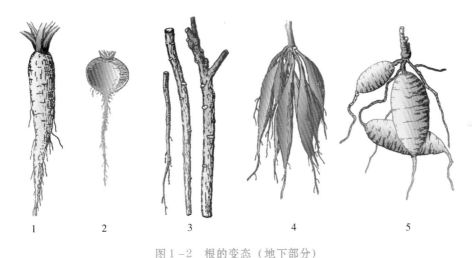

图1-2　根的变态（地下部分）

1. 圆锥根　2. 圆球根　3. 圆柱根　4. 块根（纺锤状）　5. 块根（块状）

图1-3　根的变态（地上部分）

1. 支持根（高粱）　2. 攀缘根（常春藤）　3. 气生根（铁皮石斛）

4. 水生根（浮萍）　5. 呼吸根（落羽杉）　6. 寄生根（菟丝子）

1. 贮藏根

根的一部分或全部肥厚肉质，其内贮藏养料，这种根称贮藏根。根据来源不同，分为肉质直根和块根。

（1）肉质直根 主要由主根发育而成，其上部具有胚轴和节间很短的茎，一株植物上只有一个肉质直根。包括圆锥根，如白芷、桔梗；圆球根，如芜菁；圆柱根，如甘草、苦参。

（2）块根 主要由侧根、不定根发育而成，在组成上不含胚轴和茎的部分。一株植物上常有多个块根，有的呈块状，如红薯、何首乌；有的呈纺锤状，如麦冬、百部。

2. 支持根

自接近地面的茎节上产生不定根深入土中，以增强茎干的支持力量，这种根称支持根，具有支持和吸收作用，如高粱、薏苡。

3. 攀缘根

细长柔弱不能直立的茎上生出不定根，以使植物能附着于石壁、墙垣、树干或其他物体表面而攀缘上升，这种根称为攀缘根，如常春藤、络石。

4. 气生根

由茎上产生的不伸入土中而暴露在空气中的不定根称气生根，具有在潮湿空气中吸收和贮藏水分的作用，如石斛、榕树。

5. 水生根

水生植物的根呈须状，飘浮在水中，称水生根，如浮萍、凤眼莲。

6. 呼吸根

某些生长于湖沼或热带海滩地带的植物，由于植株的一部分被淤泥淹没，呼吸困难，因而有部分根垂直向上生长，暴露于空气中进行呼吸，这种根称呼吸根，如落羽杉、红树。

7. 寄生根

寄生或半寄生植物的根伸入寄主体内吸收养料和水分，这种根称寄生根。如菟丝子、肉苁蓉等植物体内不含叶绿素，不能合成养料，完全依靠吸收寄主体内的养料维持生活，称全寄生植物；而桑寄生、槲寄生等植物，一方面由寄生根吸收寄主养料，同时自身含叶绿素，可以合成一部分养料，称半寄生植物。

第二节 茎

茎通常为植物地上部分。茎的顶端具顶芽，能使茎不断伸长；叶腋具有腋芽，可发育产生茎的分枝，分枝上又可以产生顶芽和腋芽，继续形成第二级的分枝，如此发育生长就形成了植物体的整个地上部分，其上可以着生叶、花、果实和种子。茎具有支持、输导、贮藏和繁殖等作用。许多植物茎可作药材，如麻黄、桂枝、沉香、肉桂、钩藤、半夏等。

一、茎的外形

茎常呈圆柱形，多为实心。茎有节和节间，着生叶和腋芽的部位称节，节与节之间称节间。节和节间是茎的主要形态特征，而根无节和节间，且根上不生叶，这是根和茎在外形上的主要区别。

茎上着生芽，芽是枝叶、花或花序尚未发育的原始体。生于茎枝顶端的芽称顶芽，生于叶腋的芽称腋芽（侧芽），生于顶芽或腋芽旁边的芽称副芽。顶芽、腋芽和副芽在茎上有一定的生长位置，称为定芽；也有一些芽，如土豆上发的芽、柳树折断后新生的芽，没有一定的生长位置，称为不定。有的芽发育成枝叶，有的芽发育成花或花序，还有的芽能同时发育成枝叶、花或花序，分别称为枝芽、花芽或混合芽。

通常把带叶的茎称为枝条。枝条有时有长枝和短枝之分，节间长的称长枝，节间短的称短枝。短枝一般着生在长枝上，能开花结果，所以又称果枝，如苹果、银杏。

木本植物的茎枝表面常有裂隙状隆起的小孔称皮孔，还常有叶痕、托叶痕和芽鳞痕等，分别是叶、托叶和芽鳞脱落后留下的痕迹。这些特征常作为植物鉴定的依据。（图 1-4）

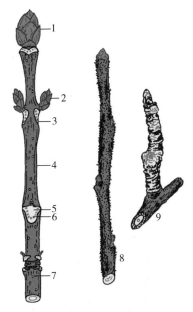

图 1-4 茎的外形

1. 顶芽 2. 腋芽 3. 节 4. 节间 5. 叶痕 6. 维管束痕 7. 皮孔 8. 长枝 9. 短枝

二、茎的类型

1. 按茎的质地分类

（1）木质茎 质地坚硬，木质部发达的茎称木质茎。具有木质茎的植物称木本植物。其中，植株高大，主干明显，基部少分枝的称乔木，如厚朴、杜仲；植株矮小，无明显主干，基部多分枝的称灌木，如连翘、月季；介于草本和木本之间，仅基部木质化的称亚灌木，如麻黄、牡丹；茎长而柔韧，常缠绕或攀附他物向上生长的称木质藤本，如木通、葡萄。

（2）草质茎　质地柔软，木质部不发达的茎称草质茎。具有草质茎的植物称草本植物。其中，在一年内完成生命周期，开花结果后枯死的，称一年生草本，如玉米、红花；种子在第一年萌发，第二年开花结果，然后全株枯死的，称二年生草本，如油菜、萝卜；生命周期在两年以上的，称多年生草本。在多年生草本中，地上部分保持常绿的称常绿草本，如麦冬、石斛；地上部分冬季枯萎、地下部分仍保持活力，来年再发新芽的称为宿根草本，如芍药、柴胡。

2. 按茎的生长习性分类

（1）直立茎　直立生长于地面，不依附他物的茎，如玉米、杜仲。

（2）缠绕茎　细长，自身不能直立，需要缠绕他物做螺旋状上升的茎。如五味子、葎草的茎呈顺时针方向缠绕，牵牛、马兜铃的茎呈逆时针方向缠绕，而何首乌、猕猴桃的茎缠绕方向无规律。

图1-5　茎的类型

1. 乔木（银杏）　2. 灌木（石楠）　3. 草质茎（薄荷）　4. 肉质茎（仙人掌）
5. 缠绕茎（圆叶牵牛）　6. 攀缘茎（爬山虎）　7. 匍匐茎（积雪草）　8. 平卧茎（蒺藜）

（3）攀缘茎　细长，自身不能直立，需依靠卷须、不定根、吸盘等攀缘结构依附他物上升的茎。如葡萄具有茎卷须，豌豆具有叶卷须，爬山虎具有吸盘，钩藤具有钩，络石具有不定根。

(4) 匍匐茎　茎细长，平卧地面生长，节上生有不定根，如红薯、积雪草。

(5) 平卧茎　茎细长，平卧地面生长，节上没有不定根，如蒺藜、马齿苋。

此外，缠绕茎、攀缘茎和匍匐茎根据其质地又可称为草质藤本和木质藤本。（图1-5）

三、茎的变态

在进化过程中，茎为适应生长环境和自身功能的需要，形态构造发生了许多变化，称为茎的变态。

1. 地下茎的变态

生于地下，与根相似，但具有节和节间等茎的特征，称地下茎。按形状不同，分为以下类型。（图1-6）

图1-6　地下茎的变态

1. 根茎（芦苇）　2. 根茎（重楼）　3. 块茎（半夏）　4. 块茎（白及）

5. 球茎（荸荠）　6. 球茎（慈菇）　7. 有被鳞茎（大蒜）　8. 无被鳞茎（百合）

（1）根茎　横卧地下，肉质膨大呈根状，节间较长，节上有退化的鳞叶，具有顶芽和腋芽，常生有不定根，如芦苇、重楼。

（2）块茎　短而膨大呈块状，节间很短，节上有芽，叶退化成小鳞片状或早期枯萎脱落，如半夏、白及。

（3）球茎　肉质肥大呈球形或扁球形，具明显的节和缩短的节间，节上有膜质鳞叶，顶芽发达，腋芽常生于上半部，基部具不定根，如荸荠、慈菇。

（4）鳞茎　呈球形或扁球形，茎极度缩短呈盘状称鳞茎盘，盘上着生肉质肥厚的鳞叶，盘下具不定根。根据有无干膜质的鳞片，分为有被鳞茎（如大蒜）和无被鳞茎（如百合）。

2. 地上茎的变态

常见的类型有以下几种。（图1-7）

图1-7　地上茎的变态

1. 叶状枝（天冬）　2. 叶状茎（仙人掌）　3. 钩状茎（钩藤）　4. 刺状茎（皂荚）
5. 茎卷须（丝瓜）　6. 小块茎（山药的珠芽）　7. 小鳞茎（洋葱花序）　8. 假鳞茎（石豆兰）

（1）叶状茎或叶状枝　茎或枝变成绿色扁平叶状或针叶状，易被误认为叶，如竹节蓼、仙人掌、假叶树、天冬。

（2）刺状茎　也称枝刺或棘刺，茎变为刺状。有的分枝，如皂荚、枸橘；有的不分枝，如山楂、酸橙。枝刺生于叶腋，可与叶刺相区别。花椒、月季等植物茎上的刺由表面细胞突起形成，无固定的生长位置，容易脱落，称为皮刺，与枝刺不同。

（3）茎卷须　许多攀缘植物的茎细长，不能直立，由枝变为卷须攀附他物，卷须常有分枝，多生于叶腋，如丝瓜、乌蔹莓、爬山虎。爬山虎的茎卷须顶端生有能吸附于他物上的膨大结构，称吸盘。

（4）小块茎 生长于植物地上部分的小型块茎。薯蓣、秋海棠的腋芽，发育成肉质小球，但不具鳞叶，类似块茎，称为小块茎；半夏叶柄上的不定芽也发育成小块茎。小块茎具繁殖作用。

（5）小鳞茎 生长于植物地上部分的小型鳞茎。大蒜的花间常生小球体，具肥厚的小鳞叶，称为小鳞茎，也称珠芽；卷丹的叶腋内也常形成紫黑色的小鳞茎。小鳞茎具繁殖作用。

（6）假鳞茎 一些附生的兰科植物茎的基部肉质膨大呈块状或球状，称假鳞茎，如羊耳蒜、石豆兰。

第三节 叶

叶一般为绿色扁平体，着生于节上，具有向光性。叶能进行光合作用，光合作用是指绿色植物通过叶绿体利用光能，把二氧化碳和水转化成储存能量的有机物，并释放出氧气的过程。叶还有气体交换和蒸腾作用，有的还有贮藏和繁殖作用。

许多植物以叶药用，如紫苏叶、枇杷叶、艾叶、桑叶等。

一、叶的组成

叶通常由叶片、叶柄、托叶三部分组成。三者俱全的叶称完全叶，缺少其中一部分或两部分的叶称不完全叶，如女贞的叶缺少托叶，石竹的叶缺少叶柄和托叶，台湾相思树的叶退化，叶柄变成叶片状代替叶片的功能。（图1-8）

1. 叶片

叶片是叶的主要部分，通常为绿色扁平体，薄而柔软，有上表面（腹面）和下表面（背面）之分。叶表面常有附属物而呈各种表面特征，有的光滑，如冬青、枸骨；有的被粉，如芸香、厚朴；有的粗糙，如紫草、蜡梅；有的被毛，如薄荷、地黄。

叶片的全形称叶形，叶片的顶端称叶端或叶尖，基部称叶基，边缘称叶缘。叶片内分布有叶脉，是叶片中的维管束，有输导和支持作用。

2. 叶柄

叶柄是叶片和枝条相连接的部分，常呈圆柱形、半圆柱形或扁平，上表面多数有沟槽，内有维管束与

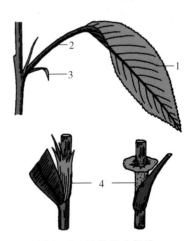

图1-8 叶的组成部分

1. 叶片 2. 叶柄 3. 托叶 4. 托叶鞘

13

枝条、叶片的维管束相连。有些植物的叶柄基部或叶柄全部扩大形成鞘状包裹着茎秆，称为叶鞘，如前胡、玉米。

3. 托叶

托叶是叶柄基部的附属物，一般成对着生于叶柄基部两侧。托叶的形状各样，有的托叶很大，执行叶片功能，如豌豆、贴梗海棠；有的托叶与叶柄愈合成翅状，如蔷薇、月季；有的托叶细小呈线状，如桑、梨；有的托叶变成卷须，如菝葜；有的托叶呈刺状，如刺槐；有的托叶的形状和大小与叶片几乎一样，只是托叶的腋内无腋芽，如茜草；有的托叶联合成鞘状，包围茎节的基部，称托叶鞘，为虎杖、大黄等蓼科植物的主要特征。（图1-9）

图1-9 各种形态的托叶

1. 刺槐 2. 菝葜 3. 鱼腥草 4. 蔷薇 5. 虎杖 6. 茜草 7. 豌豆

二、叶的形态

1. 叶片形状

叶片形状主要是根据叶片的长宽比例和最宽处的位置来确定。（图1-10）

图1-10所示是叶片的基本形状，还有其他形状，如银杏的叶为扇形，细辛的叶为心形，积雪草、连钱草的叶为肾形，蝙蝠葛、莲的叶为盾形，慈菇的叶为箭形，车前的叶为匙形，蓝桉的老叶为镰形，白英的叶为提琴形，杠板归的叶为三角形，侧柏的叶为鳞形，秋海棠的叶为偏心形等。此外，还有一些植物的叶并不属于上述类型，而是两种形状的综

合，如卵状椭圆形、椭圆状披针形等。（图1-11）

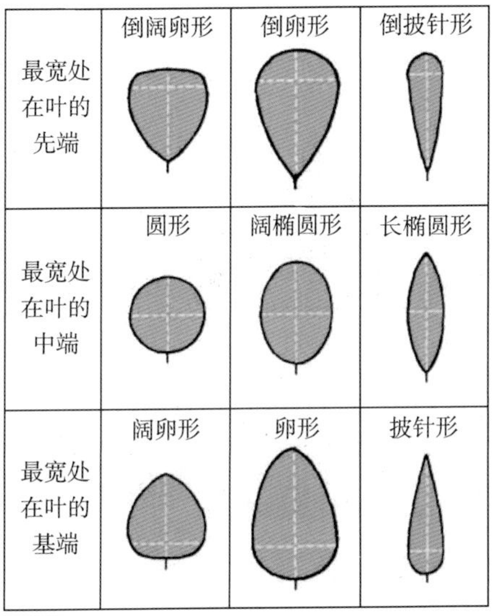

	倒阔卵形	倒卵形	倒披针形
最宽处在叶的先端			
	圆形	阔椭圆形	长椭圆形
最宽处在叶的中端			
	阔卵形	卵形	披针形
最宽处在叶的基端			

图1-10 叶片形状图解

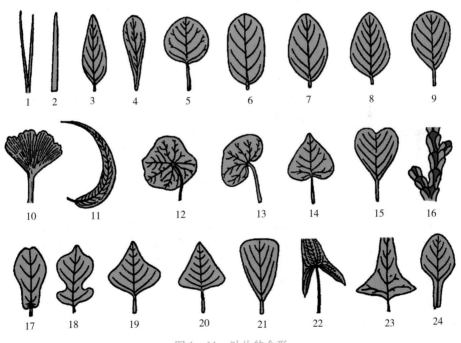

图1-11 叶片的全形

1. 针形　2. 条形　3. 披针形　4. 倒披针形　5. 圆形　6. 矩圆形　7. 椭圆形　8. 卵形　9. 倒卵形

10. 扇形　11. 镰形　12. 盾形　13. 肾形　14. 心形　15. 倒心形　16. 鳞形

17、18. 提琴形　19. 菱形　20. 三角形　21. 楔形　22. 箭形　23. 戟形　24. 匙形

15

2. 叶端

叶片的顶端称叶端或叶尖。常见的形状有尾状、渐尖、微凹、微缺、倒心形、截形等。(图 1-12)

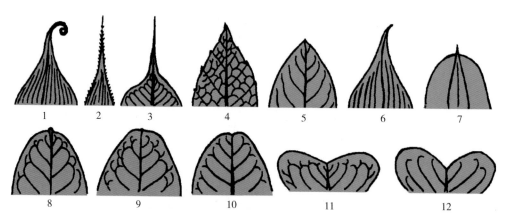

图 1-12 叶端的形状

1. 卷须叶 2. 芒尖 3. 尾尖 4. 渐尖 5. 急尖 6. 骤尖 7. 凸尖

8. 微凸 9. 盾形 10. 微凹 11. 微缺 12. 倒心形

3. 叶基

叶片的基部称叶基。常见的形状有钝形、心形、楔形、耳形、渐狭、歪斜、抱茎、穿茎等。(图 1-13)

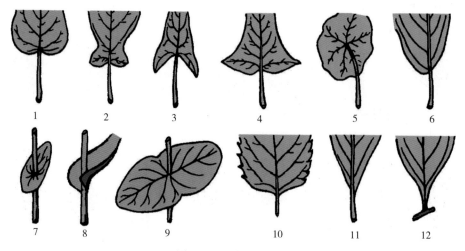

图 1-13 叶基的形状

1. 心形 2. 耳形 3. 箭形 4. 戟形 5. 盾形 6. 歪斜

7. 穿茎 8. 抱茎 9. 合生穿茎 10. 截形 11. 楔形 12. 渐狭

4. 叶缘

叶片的边缘称叶缘。常见的形状有全缘、波状、牙齿状、锯齿状、圆齿状等。(图 1-14)

图 1-14　叶缘的形状

1. 全缘　2. 浅波状　3. 深波状　4. 皱波状　5. 圆齿状

6. 锯齿状　7. 细锯齿状　8. 牙齿状　9. 睫毛状　10. 重锯齿状

5. 叶脉

叶脉是贯穿在叶肉内的维管束，起输导和支持作用。叶脉在叶片中的分布序列称脉序，常见以下 3 种类型。（图 1-15）

图 1-15　脉序的类型

1 羽状网脉　2. 掌状网脉　3. 分叉脉序　4. 直出平行脉　5. 横出平行脉　6. 射出平行脉　7. 弧形脉

（1）网状脉序　具有明显的主脉，并向两侧发出许多侧脉，各侧脉之间又一再分支形成细脉，组成网状，是多数双子叶植物的脉序特征。其中，只有一条明显的主脉的，称羽状网脉，如女贞、枇杷；由叶基分出多条主脉的，称掌状网脉，如棉花、蓖麻。

（2）平行脉序 叶脉平行或近于平行排列，是多数单子叶植物的脉序特征。其中，各脉由基部平行直达叶尖的，称直出平行脉，如玉米；中央主脉显著，侧脉垂直于主脉或斜出，彼此平行，直达叶缘的，称横出平行脉，如香蕉；各叶脉从基部以辐射状伸出的，称射出平行脉，如棕榈；各叶脉从基部平行发出，但彼此逐渐远离，稍呈弧形，最后集中在叶尖汇合的，称弧形脉，如美人蕉。

（3）分叉脉序 每条叶脉呈多级二叉状分枝，是比较原始的脉序，在蕨类植物中普遍存在，在种子植物中少见，如银杏。

6. 叶片质地

常见的有：革质，叶片的质地坚韧而较厚，略似皮革，如枸骨叶、枇杷叶；肉质，叶片肥厚多汁，如马齿苋、垂盆草；草质，叶片薄而柔软，如薄荷叶、商陆叶；膜质，叶片薄而半透明，如半夏叶，有的膜质叶干薄而脆，不呈绿色，称干膜质，如麻黄的鳞片叶。

7. 叶片分裂

植物叶片多为全缘，但有些植物叶片形成分裂状态。常见的叶片分裂有羽状分裂、掌状分裂和三出分裂。根据叶片裂隙的深度，叶裂的程度分为浅裂、深裂和全裂。浅裂指叶裂深度不超过叶片宽度的四分之一；深裂指叶裂深度超过叶片宽度的四分之一，但不超过叶片宽度的二分之一；全裂指叶裂几乎达到叶的主脉基部或两侧，形成数个全裂片。（图1-16）

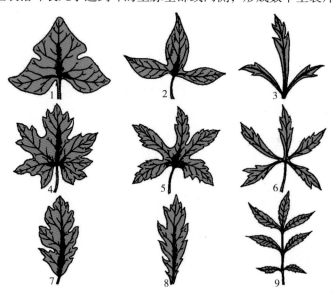

图1-16 叶片的分裂
1. 三出浅裂 2. 三出深裂 3. 三出全裂 4. 掌状浅裂 5. 掌状深裂
6. 掌状全裂 7. 羽状浅裂 8. 羽状深裂 9. 羽状全裂

三、叶的类型

1. 单叶

一个叶柄上只有一枚叶片的叶称单叶，如女贞、玉兰。

2. 复叶

一个叶柄上有两枚以上叶片的叶称复叶，如甘葛、紫藤。复叶的叶柄称总叶柄，总叶柄上着生叶片的轴状部分称叶轴，复叶上的每片叶称小叶，小叶的柄称小叶柄。

根据小叶的数目和排列方式的不同，复叶可分为以下几类。（图 1 - 17）

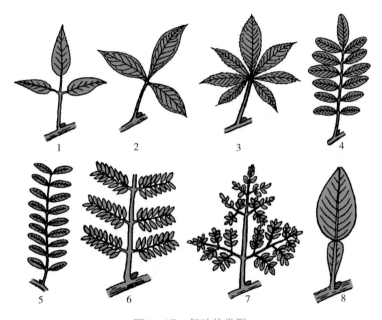

图 1 - 17　复叶的类型

1. 羽状三出复叶　2. 掌状三出复叶　3. 掌状复叶　4. 奇数羽状复叶

5. 偶数羽状复叶　6. 二回羽状复叶　7. 三回羽状复叶　8. 单身复叶

（1）三出复叶　叶轴上着生有三片小叶的复叶。若顶生小叶有叶柄，称羽状三出复叶，如甘葛、三叶木通；若顶生小叶无叶柄，称掌状三出复叶，如酢浆草、迎春花。

（2）掌状复叶　叶轴短缩，在其顶端集生三片以上小叶，呈掌状展开，如七叶树、人参。其中，左右两侧小叶的柄分别合生后再着生在叶轴上，状如鸟趾的，称鸟趾状复叶，如乌蔹莓、绞股蓝、蕨叶人字果。

（3）羽状复叶　叶轴长，小叶片在叶轴两侧排成羽毛状。若羽状复叶的叶轴顶端生有一片小叶，称单（奇）数羽状复叶，如玫瑰、刺槐；若羽状复叶的叶轴顶端生有两片小叶，称双（偶）数羽状复叶，如决明、皂荚。羽状复叶又根据叶轴分枝与否及分枝情况，再分为一回、二回和三回羽状复叶。一回羽状复叶，叶轴不分枝，小叶直接着生在叶轴左右两侧，如苦参、月季；二回羽状复叶，叶轴分枝两次，再生小叶，如合欢、含羞草；三回羽状复叶，叶轴分枝两次，再生小叶，如南天竹、苦楝。

（4）单身复叶 是一种特殊形态的复叶，叶轴的顶端具有一片小叶，两侧小叶已退化，叶柄常呈叶状或翼状，在叶柄顶端有关节与叶片相连，如橘、柚、橙等芸香科柑橘属植物的叶。

四、叶序

叶在枝条上排列的次序或方式称叶序。常见的叶序有以下几种。（图1-18）

图1-18 叶序

1. 互生 2. 对生 3. 轮生 4. 簇生

1. 互生

在茎枝的每个节上只着生1枚叶，各叶交互而生，沿茎枝做螺旋状排列，如桃、樟。

2. 对生

在茎枝的每个节上相对着生2枚叶，有的与上下相邻的两叶成十字排列为交互对生，如益母草、孩儿参；有的对生叶排列于茎的两侧成二列状对生，如小叶女贞、红豆杉。

3. 轮生

在茎枝的每个节上轮生3枚或3枚以上的叶，如夹竹桃、直立百部、轮叶沙参。

4. 簇生

2枚或2枚以上的叶着生于节间极度缩短的侧生短枝上，密集成簇，如马尾松、银杏、枸杞。此外，有些植物的茎极为短缩，节间不明显，其叶如从根上生出而成莲座状，称基生叶，如蒲公英、车前。

五、叶的变态

在进化过程中，叶为适应生长环境和自身功能的需要，形态构造发生了许多变化，称为叶的变态。常见的有以下几种。（图1-19）

图1-19 叶的变态

1. 伞形花序总苞片　2. 山野豌豆叶卷须　3. 酸枣托叶刺

4. 小檗叶刺　5. 三颗针叶刺　6. 菝葜托叶卷须　7. 猪笼草变态叶　8. 花烛佛焰苞

1. 苞片

生于花或花序下面的变态叶称苞片。围于花序基部一至多层的苞片称总苞，总苞中的各个苞片称总苞片。花序中每朵小花的花柄上或花萼下的苞片称小苞片。苞片的形状多与普通叶不同，常较小，绿色，也有形大而呈各种颜色的。总苞的形状和轮数的多少，常为种属鉴别的特征，如壳斗科植物的总苞常在果期硬化成壳斗状，成为该科植物的主要特征之一；菊科植物的头状花序基部则由多数绿色总苞片组成总苞；鱼腥草花序下的总苞是由四片白色的花瓣状苞片组成；天南星科植物的肉穗花序外面，常围有一片大型苞片（佛焰苞）。

2. 鳞叶

叶特化或退化成鳞片状，称鳞叶。鳞叶有肉质、膜质两类。肉质鳞叶肥厚，能贮藏营养物质，如百合、贝母等鳞茎上的鳞叶；膜质鳞叶菲薄，常干脆而不呈绿色，如麻黄的鳞叶、荸荠球茎上的鳞叶。

3. 刺状叶

叶片或托叶变态为刺状称刺状叶，又称叶刺，起保护作用或适应干旱环境，如仙人掌、小檗、刺槐。根据刺的来源和生长位置不同，可区别叶刺、枝刺和皮刺。

4. 叶卷须

叶的全部或部分变成卷须，借以攀缘他物，称叶卷须。如豌豆的卷须是由羽状复叶顶部的小叶变成，菝葜的卷须是由托叶变成。根据卷须的来源和生长位置，可与茎卷须区别。

5. 捕虫叶

能捕食小型昆虫的变态叶，称为捕虫叶。捕虫叶有蚌壳状（如捕蝇草）、囊状（如狸藻）、盘状（如茅膏菜）或瓶状（如猪笼草）等。捕虫叶有能分泌消化液的腺毛或腺体，并有感应性，当昆虫触及时，立即自动闭合，将昆虫捕获并消化。具有捕虫叶的植物，称为食虫植物。

异形叶性

在同一植株上长着不同形状的叶，这种现象称为异形叶性。如人参，一年生的只有一枚由三片小叶组成的复叶，二年生的为一枚掌状复叶（五小叶），三年生的有两枚掌状复叶，四年生的有三枚掌状复叶，以后每年递增一枚，最多可达六枚掌状复叶；半夏幼苗期的叶为单叶，而以后生长的叶为三全裂；蓝桉幼枝上的叶是对生、无柄的椭圆形叶，而老枝上的叶则是互生、有柄的镰形叶；益母草基生叶略呈圆形，中部叶椭圆形、掌状分裂，顶生叶不分裂而呈线形近无柄；慈菇的沉水叶是线形，漂浮叶呈椭圆形，气生叶则呈箭形。

第四节　花

花是种子植物特有的繁殖器官，通过传粉受精产生果实、种子，繁衍后代。在种子植物中，裸子植物的花构造较原始，无花被，单性，形成雄球花和雌球花；被子植物的花则高度进化，构造也较复杂，一般所述的花指被子植物的花。

花类药材中，有的是花蕾，如丁香、辛夷、槐米；有的是开放的花，如洋金花、红花、凌霄花；有的是花序，如野菊花、旋覆花、款冬花；还有的是花的一部分，如莲须是雄蕊，玉米须是花柱，番红花是柱头，蒲黄是花粉粒，莲房是花托。

一、花的组成及形态

典型的花通常由花梗、花托、花被、雄蕊群和雌蕊群五部分组成。（图 1 - 20）

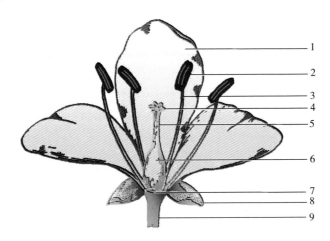

图 1 - 20　花的组成

1. 花冠　2 ~ 3. 雄蕊（2. 花药；3. 花丝）

4 ~ 6. 雌蕊（4. 柱头；5. 花柱；6. 子房）　7. 花托　8. 花萼　9. 花梗

（一）花梗

花梗又称花柄，是花与茎相连的部分，通常呈绿色，圆柱形。花梗长短随物种而异，如垂丝海棠的花梗很长，贴梗海棠的花梗很短，车前的花则无梗。

（二）花托

花托是花梗顶端膨大的部分，花萼、花冠、雄蕊群和雌蕊群均着生其上。花托的形状随物种而异，有的呈圆柱状，如玉兰、厚朴；有的呈圆锥状，如草莓；有的呈倒圆锥状，如莲；有的凹陷呈杯状，如金樱子、月季、桃。

（三）花被

花被是花萼和花冠的统称，由扁平状瓣片组成。花被常可分为内外两轮，在外的称花萼，在内的称花冠。当二者的颜色、质地有差异时，可分别称呼；而有一些植物的花是无法区分花萼和花冠的，例如玉兰和百合，则统称为花被。

1. 花萼

花萼指外轮花被，由若干萼片组成。萼片多为绿色的叶状体，在结构上类似叶。一朵

23

花的萼片彼此分离的称离生萼；相互连合的称合生萼，连合的部分称萼筒或萼管，分离的部分称萼齿或萼裂片。有些植物的萼筒一边向外凸起成伸长的管状结构，称距（spur），如旱金莲、凤仙花。植物的花萼常在开花后脱落，有些植物的花萼在开花前即脱落，称早落萼，如虞美人、白屈菜；也有些花萼花后不脱落并随果实一起增大，称宿存萼，如柿、酸浆。萼片一般排成一轮，若有两轮，则外面一轮萼片称为副萼，如棉花、蜀葵。有的萼片大而鲜艳呈花瓣状，称瓣状萼，如乌头、铁线莲。

此外，菊科植物的花萼常变态成毛状，称冠毛，如蒲公英、向日葵；苋科植物的花萼常变态成膜质半透明，如牛膝、青葙。

2. 花冠

花冠指内轮花被，是一朵花中所有花瓣的总称。花瓣呈叶片状，常具鲜艳的颜色。一朵花的花瓣彼此分离的称离瓣花；相互连合的称合瓣花，连合的部分称花冠筒，分离的部分称花冠裂片。有些植物的花瓣基部延长成管状或囊状结构，亦称距，如紫花地丁、延胡索。有些植物的花冠上或花冠与雄蕊之间生有瓣状附属物，称为副花冠，如鸢尾、水仙。花瓣基部常有蜜腺，使花具有香味，有利于招引昆虫传粉。

花冠有多种形态，可为某类植物独有的特征。常见的花冠类型有下列几种。（图1-21）

（1）十字形　花瓣4枚，分离，上部外展呈十字形。如油菜、菘蓝等十字花科植物的花冠。

（2）蝶形　花瓣5枚，分离，形似蝴蝶，由1枚旗瓣、2枚翼瓣和2枚龙骨瓣组成。上面一枚位于最外方且最大称旗瓣，侧面两枚较小称翼瓣，下面两枚最小、顶端部分常联合并向上弯曲称龙骨瓣，如黄芪、甘草的花冠。如果旗瓣位于翼瓣内方，则为假蝶形花，如决明、紫荆的花冠。

（3）唇形　花冠合生成二唇形，下部筒状，通常上唇2裂，下唇3裂。如益母草、丹参等唇形科植物的花冠。

（4）管状　花冠合生，花冠筒细长呈管状。如红花、菊花等菊科植物的花冠。

（5）舌状　花冠基部合生成短筒状，上部向一侧延伸成扁平舌状。如蒲公英、向日葵等菊科植物的花冠。

（6）漏斗状　花冠筒较长，自基部向上逐渐扩大，上部外展呈漏斗状。如牵牛、红薯等旋花科植物和曼陀罗、烟草等部分茄科植物的花冠。

（7）钟状　花冠筒宽而较短，上部裂片扩大外展呈钟状。如沙参、党参等桔梗科植物的花冠。

（8）高脚碟状　花冠筒细长管状，上部水平展开呈碟状。如水仙花、长春花等植物的花冠。

（9）辐状或轮状　花冠筒很短，裂片水平展开，状如车轮。如龙葵、枸杞等部分茄科

图 1-21　花冠的类型

1. 十字形　2. 蝶形　3. 假蝶形　4. 管状和舌状　5. 高脚碟状　6. 钟状　7. 辐状　8. 唇形　9. 漏斗状

植物的花冠。

（四）雄蕊群

雄蕊群是一朵花中所有雄蕊的总称。

1. 雄蕊的组成

（1）花丝　为雄蕊下部细长的柄状部分。

（2）花药　为花丝顶端膨大的囊状体，通常由 4 个或 2 个花粉囊（药室）组成，分成左右两瓣，中间为药隔。花粉囊中产生花粉，花粉成熟后，花粉囊裂开，花粉粒散出。

花药在花丝上着生的方式各样。花药基部着生于花丝上称基着药，如茄、莲；花药背部着生于花丝上称背着药，如马鞭草、杜鹃；背着的花药与花丝成丁字状称丁字着药，如卷丹、石蒜；花药下部叉开，上部与花丝相连而成个字状称个字着药，如地黄、玄参；花药左右两半完全分离平展，与花丝成垂直状，称平着药或广歧着药，如薄荷、益母草等唇形科植物。（图 1-22）

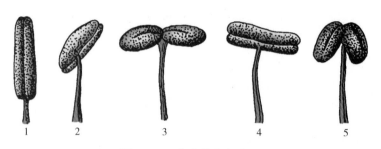

图1-22　花药着生方式

1. 基着药　2. 背着药　3. 广岐着药　4. 丁字着药　5. 个字着药

2. 雄蕊的类型

一朵花中雄蕊的数目、长短、离合、排列方式等随植物种类而异，形成不同的雄蕊类型。常见的特殊雄蕊类型有以下几种。（图1-23）

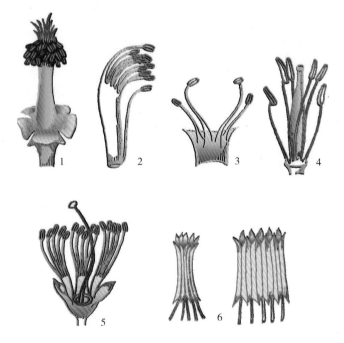

图1-23　雄蕊的类型

1. 单体雄蕊　2. 二体雄蕊　3. 二强雄蕊　4. 四强雄蕊　5. 多体雄蕊　6. 聚药雄蕊

（1）单体雄蕊　花中所有雄蕊的花丝连合成一束，呈筒状，花药分离，如蜀葵、木槿等锦葵科植物的雄蕊。

（2）二体雄蕊　花中雄蕊的花丝连合成2束，每束的雄蕊数相等或不等。如延胡索花中有雄蕊6枚，分成2束，每束3枚；甘草、槐花等一些豆科植物的蝶形花中有雄蕊10枚，其中9枚连成一体，1枚分离。

（3）多体雄蕊　花中雄蕊多数，花丝连合成多束，如橘、橙等部分芸香科植物的雄蕊。

（4）聚药雄蕊　花中雄蕊的花药连合成筒状，花丝分离，如蒲公英、向日葵等菊科植物的雄蕊。

（5）二强雄蕊　雄蕊4枚，其中2枚的花丝较长，2枚较短，如紫苏、薄荷等唇形科植物，马鞭草、牡荆等马鞭草科植物和玄参、地黄等玄参科植物的雄蕊。

（6）四强雄蕊　雄蕊6枚，其中4枚的花丝较长，2枚较短，如油菜、菘蓝等十字花科植物的雄蕊。

此外，还有少数植物的雄蕊发生变态而呈花瓣状，如姜、美人蕉；有的植物的花部分雄蕊不具花药，或仅留痕迹，称不育雄蕊或退化雄蕊，如鸭跖草、丹参。

（五）雌蕊群

雌蕊群是一朵花中所有雌蕊的总称。

1. 雌蕊的组成

雌蕊由子房、花柱和柱头三部分组成。子房是雌蕊基部膨大的部分，内含胚珠；花柱是位于子房与柱头之间的细长部分，也是花粉进入子房的通道；柱头是雌蕊顶端稍膨大的部分，为接受花粉的部位，常呈圆盘状、羽毛状、星状、头状等各种形状，具乳头状突起并分泌黏液，有利于花粉的附着与萌发。

2. 雌蕊的类型

雌蕊是由心皮构成的。心皮是适应生殖的变态叶，是构成雌蕊的基本单位。当被子植物的心皮卷合成雌蕊时，其边缘的合缝线称腹缝线，心皮的背部相当于叶的中脉部分称背缝线，一般胚珠着生在腹缝线上。

根据构成雌蕊的心皮数目不同，雌蕊分为以下类型。（图1－24）

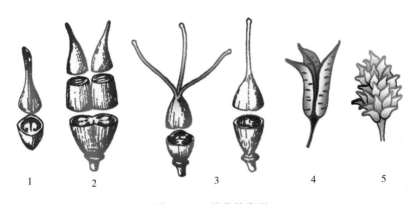

图1－24　雌蕊的类型

1. 单雌蕊　2. 二心皮复雌蕊　3. 三心皮复雌蕊　4. 三心皮离生雌蕊　5. 多心皮离生雌蕊

（1）单雌蕊　一朵花中只有一个雌蕊，雌蕊由1个心皮构成。如桃、杏。

（2）复雌蕊　一朵花中只有一个雌蕊，雌蕊由2个或2个以上心皮彼此连合构成，又称合生心皮雌蕊。如连翘（2心皮）、百合（3心皮）、卫矛（4心皮）、柑橘（5个以上心皮）。组成复雌蕊的心皮数往往可由花柱或柱头的分裂数目、子房上的主脉（背缝线）数以及子房室数来确定。

（3）离生心皮雌蕊　一朵花中有多个雌蕊，每个雌蕊均由1个心皮构成。如毛茛、乌头等毛茛科植物和八角茴香、五味子等木兰科植物的雌蕊。

3. 子房的位置及花位

子房着生在花托上的位置及与花各部分的关系常随物种而异，主要有下列几种。（图1-25）

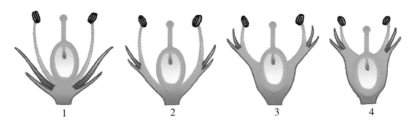

图 1-25　子房的位置

1. 子房上位（下位花）　2. 子房上位（周位花）　3. 子房半下位（周位花）　4. 子房下位（上位花）

（1）子房上位　花托扁平或隆起，子房仅基部与花托相连，花被、雄蕊均着生在子房下方的花托上，称子房上位，这种花称下位花，如毛茛、百合。若花托下陷，子房着生于凹陷花托中央而不与花托愈合，花被、雄蕊均着生于花托上端边缘，亦称子房上位，这种花称周位花，如桃、杏。

（2）子房下位　花托凹陷，子房完全生于凹陷的花托内，并与花托愈合，花被、雄蕊着生子房上方的花托边缘，称子房下位，这种花称上位花，如栀子、黄瓜、梨。

（3）子房半下位　花托凹陷，子房下半部着生于凹陷的花托中，并与花托愈合，上半部外露，花被、雄蕊着生于花托的边缘，称子房半下位，这种花称周位花，如桔梗、马齿苋。

4. 子房室数目

子房呈膨大的囊状，外面是由心皮包绕形成的子房壁，壁内的小室称子房室。子房室的数目由心皮数与其结合状态而定。单雌蕊、离生心皮雌蕊的子房为单室；复雌蕊的子房有的腹缝线相互连接而围成1个子房室，有的连接后又向内卷入，在子房的中心彼此相互结合，心皮一部分形成子房壁，一部分形成隔膜，把子房分隔成与心皮数目相同的子房室；此外还有少数植物产生假隔膜，使子房室的数目多于心皮数，如某些茄科植物。

5. 胎座的类型

胚珠在子房内着生的部位称胎座。因不同植物雌蕊的心皮数目及心皮连接的方式不

同，而形成不同类型的胎座，常见的有以下几种。(图 1 - 26)

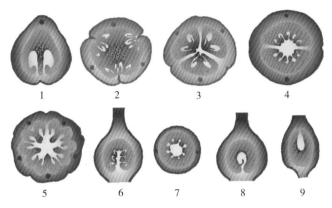

图 1 - 26　胎座的类型

1. 边缘胎座　2. 侧膜胎座　3 ~ 5. 中轴胎座　6 ~ 7. 特立中央胎座　8. 基生胎座　9. 顶生胎座

（1）边缘胎座　1 心皮的单室子房中的胎座，胚珠着生于腹缝线上，如大豆、甘草。

（2）侧膜胎座　2 至多心皮的单室子房中的胎座，胚珠着生于相邻两心皮的腹缝线上，如黄瓜、紫花地丁。

（3）中轴胎座　2 至多心皮的多室子房，心皮边缘在室中央愈合成中轴，胚珠着生于中轴上的胎座，如百合、柑橘、桔梗。

（4）特立中央胎座　复雌蕊多室子房的隔膜消失成 1 室，胚珠着生于柱状突起上（由中轴胎座衍生而来）的胎座，如石竹、马齿苋、报春花。

（5）基生胎座　一室子房内，胚珠 1 枚，着生于子房室基部的胎座，如向日葵、大黄。

（6）顶生胎座　一室子房内，胚珠 1 枚，着生于子房室顶部的胎座，如桑、杜仲。

6. 胚珠的构造及类型

胚珠是种子的前身，着生于子房的胎座上，其数目随植物种类不同而异。胚珠由珠心、珠被、珠孔和珠柄组成。珠心是发生在胎座上的一团胚性细胞，其中央发育形成胚囊，成熟胚囊有 8 个细胞（靠近珠孔有 3 个，中间一个较大的为卵细胞，两侧为 2 个助细胞；与珠孔相反的一端有 3 个反足细胞；胚囊的中央为 2 个极核细胞）。珠心外面由珠被包围。珠被在包围珠心时在顶端留有一孔称珠孔，是受精时花粉管到达珠心的通道。胚珠基部连接胚珠和胎座的短柄称珠柄。珠被、珠心基部和珠柄汇合处称合点，是维管束进入胚囊的通道。

胚珠在发生时，由于各部分的生长速度不同，使珠孔、合点与珠柄的位置有所变化而形成不同类型的胚珠。(图 1 - 27)

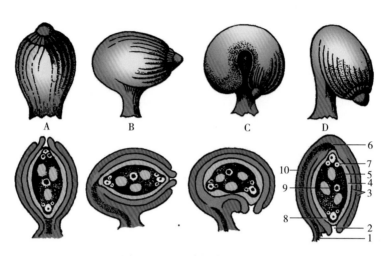

图 1 – 27　胚珠的构造及类型

A. 直生胚珠　B. 横生胚珠　C. 弯生胚珠　D. 倒生胚珠

1. 珠柄　2. 珠孔　3. 珠被　4. 珠心　5. 胚囊　6. 合点　7. 反足细胞

8. 卵细胞和助细胞　9. 极核细胞　10. 珠脊

二、花的类型

在长期演化过程中，被子植物花的各部发生不同程度的变化，形成不同类型的花。

1. 完全花和不完全花

花萼、花冠、雄蕊、雌蕊四部分俱全的花称完全花，如山楂、桔梗；缺少其中一部分或几部分的花称不完全花，如南瓜、杜仲。

2. 重被花、单被花、无被花和重瓣花

既有花萼又有花冠的花称重被花。只有花萼而无花冠的花称单被花，这种花萼常称作花被；单被花的花被片常成一轮或多轮排列，多具鲜艳的颜色而呈花瓣状，如百合、玉兰、白头翁。没有花被的花称无被花或裸花，这种花常具苞片，如杨、柳、杜仲。一般植物的花瓣成一轮排列且数目稳定，但有些栽培植物的花瓣常成数轮排列，且数目比正常多，称重瓣花，如月季、牡丹。

3. 两性花、单性花和无性花

既有雄蕊又有雌蕊的花称两性花；只有雄蕊或雌蕊的花称单性花，其中只有雄蕊的称雄花，只有雌蕊的称雌花。若雄花和雌花生在同一植株上，称单性同株或雌雄同株，如南瓜、半夏；若雄花和雌花分别生在不同植株上，称单性异株或雌雄异株，如天南星、银杏。若同一植株既有单性花又有两性花称杂性同株，如荔枝、龙眼；若单性花和两性花分别生于同种异株上称杂性异株，如臭椿、葡萄。雄蕊和雌蕊均退化或发育不全的花称无性花，如八仙花花序周围的花、小麦小穗顶端的花。

4. 辐射对称花、两侧对称花和不对称花

花被形状、大小相似，有 2 个以上对称面的花称辐射对称花或整齐花，如呈十字形、管状、辐状、钟状、漏斗状、高脚碟状花冠的花。花被形状、大小有较大差异，仅有 1 个对称面的花称两侧对称花或不整齐花，如呈蝶形、唇形、舌状花冠的花。无对称面的花称不对称花，如败酱、缬草、美人蕉。

三、花序

花在花序轴上的排列方式称花序。一朵花单独生于枝顶端或叶腋时，称单生花；多朵花着生在花序轴上则形成花序。花序中的花称小花，着生小花的茎轴称花序轴，小花的花梗称小花梗，支持整个花序的茎轴称总花梗，小花梗、总花梗下面常有小型的变态叶，分别称小苞片、总苞片，无叶的总花梗称花葶。

根据花在花序轴上排列的方式和开放的顺序，花序分为无限花序和有限花序。

（一）无限花序

花序轴在开花期内继续生长，产生新的花蕾，花由花序轴下部向上依次开放，或花序轴膨大呈盘状，花由边缘向中心开放，这种花序称无限花序。（图 1-28）

1. 总状花序

花序轴较长，其上着生许多花梗近等长的小花，如洋地黄、延胡索。

2. 穗状花序

花序轴细长，直立，其上着生许多无梗或近无梗的小花，如牛膝、车前。

3. 葇荑花序

花序轴细软下垂，其上着生许多无梗的单性小花，花后整个花序或连果脱落，如杨、柳。

4. 肉穗花序

花序轴肉质棒状，其上密生许多无梗的单性小花。天南星科植物的肉穗花序外面有一大型苞片，这种带苞片的肉穗花序形如佛前点亮的酥油灯火焰，故称之为佛焰花序，其苞片称佛焰苞，常形大而艳丽，如马蹄莲、半夏等天南星科植物。

5. 伞房花序

花序轴较短，其上着生花梗不等长的小花，下部花梗较长，向上渐短，小花几乎排列在同一平面上，如山楂、苹果。

6. 伞形花序

花序轴极短，在总花梗顶端着生许多放射状排列、花梗近等长的小花，全形如张开的伞，如人参、刺五加、葱。

7. 头状花序

花序轴膨大为平坦或隆起的花序托，其上密生许多无梗小花而成一头状体，外围的苞

图 1-28　无限花序的类型

1. 总状花序（洋地黄）　2. 穗状花序（车前）　3. 伞房花序（梨）　4. 葇荑花序（柳）

5. 肉穗花序（花烛）　6. 隐头花序（无花果）　7. 头状花序（蟛蜞菊）　8. 伞形花序（人参）

9. 复伞形花序（白芷）　10. 复总状花序（女贞）

片密集成总苞，如向日葵、红花、菊花、蒲公英等菊科植物。

8. 隐头花序

花序轴肉质膨大而下陷呈囊状，其内壁着生许多无梗单性小花，如无花果、薜荔。

上述花序的花序轴都没有分枝，为单花序。如果花序轴有分枝，则为复花序。花序轴具分枝，每一分枝为一总状花序，下部分枝较长，上部分枝较短，整体呈圆锥状，称复总状花序，又称圆锥花序，如南天竹、女贞。花序轴具分枝，每一分枝为一穗状花序，称复穗状花序，如小麦、香附。花序轴顶端丛生数个长短相等的分枝，各分枝形成伞形花序，称复伞形花序，如胡萝卜、柴胡等伞形科植物。花序轴上的分枝呈伞房状排列，而每一分枝又为伞房花序，称复伞房花序，如花楸、石楠。

（二）有限花序

花序轴的顶端先开一朵花，花序轴不能继续向上生长产生新的花蕾，只能在顶花下方产生侧轴，侧轴又是顶花先开，这种花序称有限花序，又称聚伞花序。根据侧轴数目，又分为以下几种类型。（图1-29）

图1-29　有限花序的类型

1. 螺旋状聚伞花序（聚合草）　2. 蝎尾状聚伞花序（唐菖蒲）　3. 二歧聚伞花序（大叶黄杨）
4. 多歧聚伞花序（泽漆）　5. 轮伞花序（鼠尾草）

1. 单歧聚伞花序

顶花下具单一侧轴的聚伞花序。若侧轴均向同一侧生出而呈螺旋状弯转，称螺旋状聚伞花序，如紫草、聚合草；若侧轴左右交替生出，则称蝎尾状聚伞花序，如射干、唐菖蒲。

2. 二歧聚伞花序

顶花下具两个对生或近对生侧轴的聚伞花序，如石竹、冬青、卫矛。

3. 多歧聚伞花序

顶花下具多个侧轴的聚伞花序。若花序轴下生有杯状总苞，则称杯状聚伞花序，又称大戟花序，如甘遂、泽漆等大戟科大戟属植物。

4. 轮伞花序

聚伞花序生于对生叶的叶腋呈轮状排列，如鼠尾草、益母草等唇形科植物。

此外，有的植物的花序既有无限花序又有有限花序的特征，称混合花序，如丁香、七叶树的花序轴呈无限式，但生出的每一侧枝为有限的聚伞花序，称聚伞圆锥花序。

第五节　果　实

果实是被子植物特有的器官，由受精后的雌蕊子房或连同花的其他部分发育形成，外被果皮，内含种子，果皮具有保护和散布种子的作用。许多植物的果实可以入药，如山楂、枳壳、山茱萸等，药材中也有许多称"子"者，如枸杞子、川楝子、五味子、金樱子、诃子、使君子、栀子、覆盆子、女贞子、牛蒡子等，其实是果实。

一、果实的形成和组成

被子植物的花传粉后，由花发育到果实一般有如下关系：（表1-1）

表1-1　被子植物的发育过程

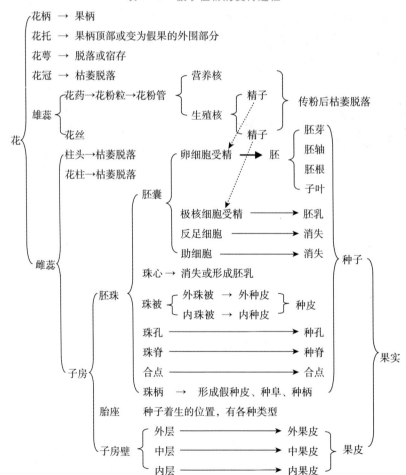

果实由果皮和种子构成。果皮通常分为外果皮、中果皮和内果皮三层，外果皮通常薄而柔韧，有的具角质、蜡被、毛茸、翅、刺或瘤等；中果皮变化较大，肉果肥厚多汁，干果革质、膜质；内果皮一般膜质或木质。有的三层果皮合生在一起，难于分辨。

二、果实的类型

依据来源，果实可分为单果、聚合果和聚花果三大类。

（一）单果

单果是由单雌蕊或复雌蕊（合生心皮雌蕊）发育形成的果实。依据果皮质地，分为肉果和干果。

1. 肉果

果皮肉质多浆，成熟时不开裂，常见以下几类。（图1-30）

图1-30　肉果类型

1. 浆果　2. 核果　3. 柑果　4. 梨果　5. 瓠果

（1）浆果　由1或多心皮的子房发育而成，外果皮薄，膜质，中果皮和内果皮肉质多浆，内有1至多粒种子，如葡萄、枸杞子、忍冬。

（2）核果　多由单心皮的子房发育而成，外果皮薄，中果皮肉质，内果皮木质化成坚硬的果核，核内有1粒种子，如桃、李、杏、梅。有的核果由多心皮的子房发育而成，核内有多粒种子，如楝、橄榄。

（3）梨果　由5心皮合生的下位子房与花托筒愈合发育而成，是一种假果。外果皮与中果皮界线不明显，肉质；内果皮质地坚韧，常分隔为5室，每室种子2粒。为蔷薇科梨亚科植物所特有，如梨、山楂、枇杷。

（4）柑果　由多心皮合生、具中轴胎座的子房发育而成，外果皮较厚，革质，内含油室；中果皮与外果皮结合，界限不明显，呈白色海绵状，具有多分枝的维管束（如橘络）；

内果皮膜质，分隔成多室，内壁生有许多肉质多汁的囊状毛（即可食部分），每室内含数粒种子。为芸香科柑橘属植物所特有，如橙、柚、柑、橘。

（5）瓠果 由3心皮合生、具侧膜胎座的下位子房与花托一起发育而成，是一种假果。花托与外果皮愈合，形成坚韧的果实外层，中果皮、内果皮及胎座均为肉质，内含种子多数。为葫芦科植物所特有，如西瓜、葫芦、瓜蒌。

2. 干果

成熟时果皮干燥，根据果皮开裂与否，分为裂果和不裂果两类。（图1-31）

1	2	3	4	5
6	7	8	9	
10	11	12	13	

图1-31 干果类型

1. 蓇葖果 2. 荚果 3. 长角果 4. 短角果 5. 蒴果（纵裂） 6. 蒴果（孔裂）
7. 蒴果（盖裂） 8. 瘦果 9. 双悬果 10. 坚果 11. 翅果 12. 颖果 13. 胞果

（1）裂果 果实成熟后果皮自行开裂，根据心皮组成及开裂方式不同分为多种。

①蓇葖果：由单雌蕊发育而成，成熟后沿腹缝线或背缝线一侧开裂，如淫羊藿。

②荚果：由单雌蕊发育而成，成熟后沿腹缝线和背缝线两侧开裂，为豆科植物所特有，如绿豆、豌豆。也有些荚果在成熟后不开裂，如花生、皂荚；还有的荚果种子间具节或溢缩成念珠状，断裂或不断裂，如含羞草、槐。

③角果：由2心皮合生雌蕊发育而成，在发育过程中，2个心皮边缘合生处内卷，形成隔膜，将果实隔成2室，此隔膜称假隔膜，种子着生在假隔膜的两侧，果实成熟后沿两侧腹缝线开裂，果皮成两片脱落，假隔膜仍然留在果柄上。角果为十字花科植物所特有，分长角果和短角果，长角果细长，如油菜、萝卜；短角果宽短或三角形，如荠菜、菘蓝、独行菜。

④蒴果：由复雌蕊发育而成，子房1至多室，每室含种子多数。果实成熟时开裂方式：a. 纵裂：沿心皮纵轴方向开裂，如苘麻、芝麻；b. 孔裂：顶端呈小孔状开裂，如罂粟、桔梗；c. 盖裂：果实中部或中上部呈环状横裂，上部果皮呈盖状脱落，如马齿苋、天仙子；d. 齿裂：顶端呈齿状开裂，如王不留行、瞿麦。

（2）不裂果（闭果）　果实成熟时不开裂或不分离成几部分，种子包在果实中。常见以下几种：

①瘦果：含单粒种子的果实，成熟时果皮与种皮易分离，如白头翁、荞麦。菊科植物的瘦果由下位子房与萼筒共同形成，称连萼瘦果，也称菊果，如向日葵、蒲公英。

②颖果：含单粒种子的果实，成熟时果皮与种皮愈合，不易分离。为禾本科植物所特有，如小麦、玉米。农业生产中常把颖果称"种子"。

③坚果：果皮坚硬，内含1粒种子，果皮与种皮易分离，成熟时常有由总苞发育成的壳斗包围或附着于基部，如板栗、榛子等壳斗科植物的果实。有的坚果特别小，无壳斗包围，称小坚果，如益母草、薄荷。

④翅果：果皮一端或周边向外延展成翅状，果实内含1粒种子，如槭、榆。

⑤胞果：亦称囊果，果皮薄而膨胀，疏松地包围着种子，极易与种皮分离，如藜、地肤子。

⑥双悬果：由2心皮合生雌蕊发育而成，成熟后心皮分离成2个分果，双双悬挂在心皮柄上端，心皮柄与果柄相连，每个分果内含1粒种子。为伞形科植物所特有，如小茴香、蛇床子。

（二）聚合果

聚合果是由离生心皮雌蕊发育形成的果实。每个心皮形成1个单果，许多单果聚生于同一个花托上。根据单果种类不同，又可分为聚合蓇葖果（八角茴香）、聚合浆果（五味子）、聚合核果（悬钩子）、聚合坚果（莲）和聚合瘦果（草莓）。在蔷薇科蔷薇属中，许多骨质瘦果聚生在凹陷成壶形的花托中，这种聚合瘦果称为蔷薇果，如月季、金樱子。（图1－32）

（三）聚花果（复果）

聚花果是由整个花序发育形成的果实。每朵小花长成一个小果，许多小果聚生在花序轴上，形成一个果实，成熟后花序轴基部脱落。如桑椹，其葇荑花序上有许多单性小花，

图 1-32 聚合果

1. 聚合坚果 2. 聚合蓇葖果 3. 聚合瘦果（蔷薇果） 4. 聚合瘦果 5. 聚合核果 6. 聚合浆果

开花后花被肥厚肉质，子房成熟为瘦果；凤梨（菠萝）是由肉质花序轴连同子房和苞片共同形成的果实；无花果是由隐头花序发育形成的复果。（图 1-33）

图 1-33 聚花果

1. 桑椹 2. 凤梨 3. 无花果

真果与假果

单纯由子房发育而成的果实称为真果，如桃、李。有些植物除子房外，花的其他部分，如花托、花被、花柱、花序轴等，也参与了果实的形成，这种果实称为假果，如苹果、南瓜、桑椹、无花果、凤梨（菠萝）等。假果的三层果皮不能与子房壁的三层组织完全对应。

第六节 种 子

种子是种子植物特有的器官，由胚珠发育而成。

一、种子的形态和组成

种子形态随物种而异，常呈圆形、椭圆形、肾形、卵形、圆锥形、多角形等，表面有的光滑，有的粗糙，有的具皱褶，有的具毛茸，有的具翅，有的具刺，大小差异悬殊，颜色丰富多彩。

种子通常由种皮、胚和胚乳三部分组成。

1. 种皮

种皮由珠被发育而来。在种皮上常可见到下列结构：

（1）种脐　是种子成熟后从种柄或胎座上脱落留下的疤痕，常呈圆形或椭圆形。

（2）种孔　由胚珠上的珠孔发育形成，为种子萌发时吸收水分和胚根伸出的部位。

（3）合点　是种皮上维管束汇合之处，也是原来胚珠的合点。

（4）种脊　是种脐至合点之间的隆起线，内含维管束。倒生胚珠发育的种子种脊狭长突起，弯生或横生胚珠发育的种子种脊短，直生胚珠发育的种子无种脊。

（5）种阜　有些植物的种皮在珠孔处有一由珠被扩展形成的海绵状突起物，称种阜。种子萌发时，可帮助吸收水分，如蓖麻、巴豆。

2. 胚

胚是种子中尚未发育的幼小植物体，由胚根、胚轴、胚芽和子叶四部分组成。胚根正对着种孔，将来发育成植物的主根。胚轴为连接胚根与胚芽的部分，将来成为根与茎的连接部分。子叶为胚吸收、贮藏养料的器官，在种子萌发后可变绿而进行光合作用。一般而言，单子叶植物具一枚子叶，双子叶植物具两枚子叶，裸子植物具多枚子叶。胚芽位于胚的顶端，将来发育成植物的主茎和叶。

3. 胚乳

胚乳是极核细胞和一个精子受精后发育而来的，位于胚的周围，呈白色，富含淀粉、蛋白质和脂肪，贮藏胚发育所需的养分。

二、种子的类型

根据胚乳的有无，将种子分为有胚乳种子和无胚乳种子。

1. 有胚乳种子

种子中有发达的胚乳，胚相对较小，子叶薄，如蓖麻、小麦。（图1-34）

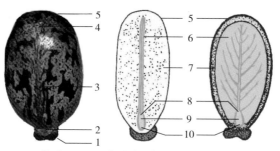

A. 外形　　B. 与子叶垂直面纵切　C. 与子叶平行面纵切

图 1 - 34　有胚乳种子（蓖麻种子）

1. 种阜　2. 种脐　3. 种脊　4. 合点　5. 种皮　6. 子叶　7. 胚乳　8. 胚芽　9. 胚轴　10. 胚根

2. 无胚乳种子

种子中胚乳的养料在胚发育过程中被胚吸收并贮藏于子叶中，故胚乳不存在或仅残留一薄层，这类种子的子叶较肥厚，如菜豆、桃仁。（图 1 - 35）

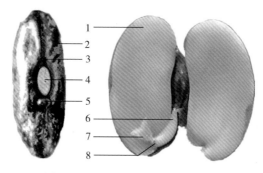

图 1 - 35　无胚乳种子（菜豆种子）

1. 子叶　2. 种皮　3. 合点　4. 种脐　5. 种孔　6. 胚根　7. 胚芽　8. 胚轴

思考题

1. 根的类型有哪些？如何辨认？

2. 根系的类型有哪些？植物的根系类型有何规律？

3. 什么是根的变态？举例说明变态根的主要类型及其特征。

4. 根和茎在外形上的主要区别是什么？

5. 茎的类型如何划分？

6. 什么是茎的变态？举例说明变态茎的主要类型及其特征。

7. 叶的分裂程度如何确定？

8. 何谓叶脉、脉序？常见的脉序有哪几种类型？

9. 怎样区别单叶与复叶？如何辨识复叶的类型？

10. 怎样辨别叶刺和茎刺、叶卷须和茎卷须？

11. 常见的花冠类型有哪些？各有什么特征？

12. 雄蕊群类型、雌蕊群类型各有哪几种？怎样区别？

13. 如何判断组成雌蕊的心皮数目？

14. 花的类型是如何划分的？

15. 常见的花序类型有哪几种？各有什么特征？

16. 果实类型有哪些？如何辨识果实的类型？

17. 瘦果、颖果、坚果、翅果、胞果均为含1粒种子的果实，各有何特征？

18. 比较蓇葖果、荚果、角果有什么不同？

19. 如何辨识聚合果与聚花果？

20. 种子由哪几部分组成？各有何识别特征？

第二章

药用植物显微结构

【学习目标】

1. 能识别细胞壁不同特化类型的特征；能鉴别植物细胞不同类型后含物的结构特征；能辨别细胞的壁向和分裂的方向。

2. 能辨别毛茸、气孔的类型；能识别各种分泌组织的特征；能识别各种机械组织的特征；能鉴别导管和筛管及其类型。

3. 能识别维管束的各个组成部分；能辨别各种维管束的类型。

4. 能辨识根初生构造的特征；能识别根次生构造的构成组织；能辨识根异常构造的常见类型。

5. 能辨识双子叶植物茎初生构造的特征；能识别双子叶植物木质茎次生构造的构成组织；能辨识双子叶植物茎异常构造的常见类型。

6. 能辨识双子叶植物叶片结构特征；能辨识禾本科植物叶片结构特征。

在光学显微镜下观察到的药用植物细胞或组织器官的结构，称为显微结构，计量单位通常为微米（μm）。药用植物显微结构中的一些特征具有专有属性，在药材鉴定中具有重要意义。

第一节　植物细胞

植物细胞是构成植物体的形态结构和生命活动的基本单位。任何植物都是由细胞构成的，单细胞植物的一切生命活动都在这一细胞内完成，多细胞植物则是各细胞共同完成复杂的生命活动。细胞具有"全能性"，植物体的每一个细胞都包含有该物种所特有的全套遗传物质，都有发育成为完整个体所必需的全部基因。

植物细胞的形状和大小，随其存在部位和执行功能不同而异。游离或排列疏松的细胞，多呈类球形；排列紧密的细胞，则呈多面体或其他形状；执行支持作用的细胞，细胞壁增厚，多呈圆柱形、纺锤形；执行输导作用的细胞，常呈长管状。植物细胞体积较小，直径一般在 $10 \sim 100 \mu m$ 之间，原始的细菌直径只有 $0.1 \mu m$，具有贮藏功能的番茄肉、西瓜瓤的细胞可达1mm，苎麻纤维细胞长达550mm，最长的细胞是无节乳汁管，长达数米至数十米不等。

一、植物细胞的基本结构

在光学显微镜下观察，一个典型的植物细胞由原生质体和细胞壁两部分组成。（图2 - 1）

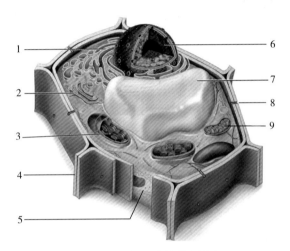

图2 - 1　植物细胞的基本结构

1. 内质网　2. 高尔基体　3. 叶绿体　4. 细胞壁　5. 细胞膜

6. 细胞核　7. 中央液泡　8. 纹孔　9. 线粒体

（一）原生质体

原生质体是细胞内有生命物质的总称，包括细胞质、细胞核和细胞器。

1. 细胞质

细胞质为原生质体的基本组成部分，是具有一定弹性和黏滞性的胶体溶液，细胞核和细胞器都包埋其中。包围在细胞质表面的一层薄膜，称细胞膜。细胞膜具有"选择透性"，其主要功能是控制细胞与外界环境的物质和信息交换。

2. 细胞核

细胞核是细胞遗传和代谢的调控中心。分隔细胞质与细胞核的界膜，称为核膜。膜内充满均匀透明的胶状物质，称为核质，内含一个或几个球状小体，称为核仁。当细胞固定染色后，核质中被染成深色的部分，称染色质，其余部分称核基质。

3. 细胞器

细胞器是细胞质内具有一定形态结构和特定功能的微"器官"。主要包括以下几种。

（1）质体　质体是一类与糖的合成与贮藏密切相关的细胞器，为植物细胞所特有。根据所含色素不同，可将质体分为叶绿体、有色体和白色体三种类型。（图2-2）

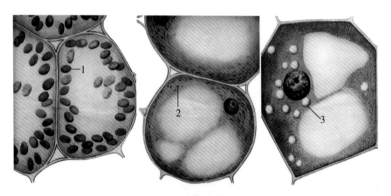

图2-2　质体的种类

1. 叶绿体　2. 有色体　3. 白色体

①叶绿体是进行光合作用的质体，一般呈球形或扁球形，只存在于植物的绿色细胞中，含叶绿素、叶黄素和胡萝卜素。叶绿素是主要的光合色素，它能吸收和利用光能，直接参与光合作用；其他两类色素起辅助光合作用。植物叶片的颜色与这三种色素的比例有关，一般情况，叶绿素占绝对优势时，叶片呈绿色；秋天的红叶，就是花青素和类胡萝卜素（包括叶黄素和胡萝卜素）占了优势的缘故。

光合作用

植物与动物不同，它们没有消化系统，因此它们必须依靠其他方式来摄取营养。对于绿色植物来说，在阳光充足的白天，它们将利用阳光的能量来进行光合作用，以获得生长发育必需的养分。这个过程的关键参与者是内部的叶绿体。叶绿体在阳光作用下，把从气孔进入叶子内部的无机物二氧化碳和由根部吸收的水转变成为有机物葡萄糖，同时释放氧气：$12H_2O + 6CO_2 + 光 \rightarrow C_6H_{12}O_6$（葡萄糖）$+ 6O_2\uparrow + 6H_2O$。葡萄糖经聚合形成淀粉粒，主要贮存在根部或果实中，成为食物链的消费者可以获得的能量来源。

②有色体只含胡萝卜素和叶黄素，由于二者比例不同，可分别呈黄色、橙色或橙红色。在细胞中一般呈杆状、针状、圆形、椭圆形、多角形或不规则形。常存在于花、果实

和根中。如在胡萝卜的根、蒲公英的花瓣、番茄的果肉细胞中均可看到有色体。有色体能集聚淀粉和脂质，在花和果实中具有吸引昆虫和其他动物传粉及传播种子的作用。

③白色体是不含色素的无色小颗粒，普遍存在于植物体各部分的贮藏细胞中，与物质的积累和贮藏有关。依据其积累和贮藏物质的不同，分为合成淀粉的造粉体，合成蛋白质的蛋白质体和合成脂肪、脂肪油的造油体三种。

叶绿体、有色体和白色体在起源上均由前质体分化而来，它们之间在一定条件下可以相互转化。例如，发育中的番茄果实，最初含有白色体，以后转化成叶绿体，最后叶绿体失去叶绿素而转化成有色体，果实的颜色也随之变化，从白色变成绿色，最后成为红色；胡萝卜根暴露在地面的部分变成绿色，是有色体转化成了叶绿体；马铃薯块茎暴露在地面的部分变成绿色，是白色体转化成了叶绿体。

（2）液泡　液泡也是植物细胞所特有的细胞器。在幼小的细胞中液泡小而分散，随着细胞的生长，液泡逐渐增大，合并成几个大液泡或一个中央大液泡，将细胞质、细胞核等挤到细胞的周缘。大液泡是区别植物细胞与动物细胞的明显特征之一。液泡外为液泡膜，液泡膜是原生质体的组成部分，也具有选择透性。膜内是细胞液，这是细胞新陈代谢过程中产生的各种物质的混合液，其主要成分是水，还有糖类、盐类、苷类、生物碱、有机酸、挥发油、鞣质、树脂、色素、结晶等，其中不少化学成分具有强烈的生理活性，是植物药的有效成分。

除质体和液泡外，细胞器还有线粒体、内质网、高尔基体、核糖体、溶酶体等，这些细胞器都有一定的形态和功能，是细胞生活和代谢不可缺少的。

（二）细胞壁

细胞壁是包围在原生质体外面的坚韧外壳，是由原生质体分泌的非生活物质和少量具有生理活性的蛋白质所构成，具有一定的韧性，其功能是保护原生质体。细胞壁是植物细胞特有的结构，与质体、液泡一起构成植物细胞与动物细胞相区别的三大结构特征。

1. 细胞壁的分层

根据细胞壁形成时间及化学成分的不同，相邻两细胞所共有的细胞壁可分为三层。（图2-3）

（1）胞间层　又称中层，是相邻两个细胞之间所共有的壁层，在细胞分裂时形成，化学成分主要是果胶。果胶有很强的黏性和塑性，能把相邻细胞黏在一起，又不影响其生长。果胶能被某些酸、碱或酶溶解，从而导致细胞彼此分离。药材显微鉴定中常用的组织解离法和农业上的沤麻工艺就是利用这个原理，前者是用硝铬酸或氢氧化钾溶液浸离，后者是利用微生物产生果胶酶，分解麻纤维细胞胞间层的果胶而使其相互分离。西红柿、桃、梨等果实在成熟过程中产生果胶酶，使果肉细胞分离从而由硬变软。

（2）初生壁　在细胞生长过程中，原生质体分泌的纤维素、半纤维素和果胶，添加在

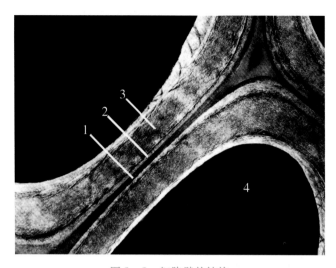

图2-3 细胞壁的结构

1. 胞间层　2. 初生壁　3. 次生壁　4. 细胞腔

胞间层上，形成初生壁。纤维素构成初生壁的框架，而果胶、半纤维素等则填充于框架中。初生壁一般较薄，质地较柔软，有较大的可塑性，能随着细胞的生长而延展。

（3）次生壁　有一些细胞，当停止生长以后，原生质体分泌的纤维素、半纤维素和少量木质素等继续添加在初生壁的内侧，形成次生壁。次生壁较厚，质地较坚硬，有增加细胞壁机械强度的作用。植物细胞一般都具有初生壁，但并不都具有次生壁，次生壁在植物体的某些部位存在，以适应增加细胞机械强度的需要。当次生壁增厚到一定程度，原生质体死亡，留下细胞壁围成的空腔，称细胞腔。

2. 纹孔和胞间连丝

（1）纹孔　细胞次生壁的形成并不是均匀的，初生壁有些部位完全不被次生壁覆盖的区域呈凹陷孔状的结构，称为纹孔。一个纹孔由纹孔腔和纹孔膜组成，纹孔腔是指次生壁围成的腔，它的开口（纹孔口）朝向细胞腔，腔底的初生壁和胞间层称纹孔膜。相邻细胞壁上的纹孔常在相同位置成对地出现，称为纹孔对。纹孔的形成有利于细胞间的物质交换。

纹孔对具有一定的形状和结构，常见的有三种类型。（图2-4）

①单纹孔：纹孔腔呈圆筒状，光学显微镜下正面

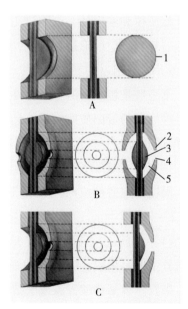

图2-4 纹孔

A. 单纹孔　B. 具缘纹孔　C. 半缘纹孔

1. 纹孔膜　2. 纹孔缘　3. 纹孔塞

4. 纹孔口　5. 纹孔腔

观呈 1 个圆。单纹孔多见于韧皮纤维、薄壁细胞和石细胞中。

②具缘纹孔：纹孔周围的次生壁向细胞腔内呈拱状隆起，形成一个拱形的边缘，纹孔腔呈半球形，光镜下正面观呈 2 个同心圆。

松柏类植物的具缘纹孔

在裸子植物松柏类的管胞壁上，有一种特殊的具缘纹孔，它们的纹孔膜中央部位有一个圆盘状的增厚区域，称纹孔塞，它的直径大于纹孔口，因此这些具缘纹孔在光镜下正面观呈 3 个同心圆，外圈是纹孔腔的边缘，中间一圈是纹孔塞的边缘，内圈是纹孔口的边缘。纹孔塞在具缘纹孔上起活塞的作用，能调节胞间液流。

③半缘纹孔：相邻纹孔对的一边是单纹孔，另一边是具缘纹孔，光镜下正面观呈 2 个同心圆。一般多见于薄壁细胞与管胞或导管之间。

（2）胞间连丝　细胞间有许多纤细的原生质丝，穿过初生壁上的微细孔眼彼此联系着，这种原生质丝称为胞间连丝。胞间连丝是细胞间物质和信息交换的通道。（图 2 - 5）

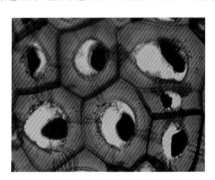

图 2 - 5　胞间连丝（柿胚乳细胞）

细胞壁上纹孔和胞间连丝的存在，有利于细胞与环境之间以及细胞与细胞之间的物质交流，尤其是胞间连丝，它把所有生活细胞的原生质体连接成一个整体，从而使多细胞植物在结构和生理活动上成为一个统一的有机体。

3. 细胞壁的特化

细胞壁的主要成分为纤维素，其次为半纤维素和果胶质等，具有一定的韧性和弹性。纤维素遇氧化铜氨溶液能溶解，加氯化锌碘试液显蓝色或紫色。有些植物的细胞壁还增加其他物质，以更好地适应它所执行的功能，这就是细胞壁的特化。常见以下几种类型。

（1）木质化　细胞壁内增加了木质素。木质素是亲水性的，它有很大的强度，因此，木质化的壁既加强了机械强度，又能透水。木质化细胞通常趋于衰老而死亡，如导管、管胞、木纤维和石细胞等。木质化细胞壁加入间苯三酚试液和浓盐酸，显红色。

（2）木栓化　细胞壁内增加了木栓质。木栓质是一种脂肪性物质，木栓化的壁常呈黄褐色，不易透气，不易透水，使细胞内的原生质体与外界隔离而死亡，但对植物内部组织具有保护作用，如树干外面的褐色外层树皮就是木栓化细胞和其他死细胞的混合体。栓皮栎的木栓细胞层特别发达，可作瓶塞。木栓化细胞壁可被苏丹Ⅲ试液染成橘红色或红色；遇苛性钾加热，则木栓质溶解成黄色油滴状。

（3）角质化　原生质体产生的角质，不仅增加在细胞壁内使壁角质化，还常积聚在茎、叶或果实的表皮外侧形成角质层。角质是一种脂肪性物质，无色透明，角质化细胞壁或角质层可防止水分过度蒸发和微生物侵害，增强对植物内部组织的保护作用。角质化细胞壁亦可被苏丹Ⅲ试液染成橘红色或红色。

（4）黏液质化　细胞壁中的纤维素和果胶质等成分变化成黏液，黏液在细胞表面常呈固态，吸水则膨胀呈黏滞状态，如车前子、亚麻子的表皮细胞壁即黏液化。黏液化细胞壁遇玫红酸钠醇溶液可被染成玫瑰红色；遇钌红试液可被染成红色。

（5）矿质化　细胞壁内增加了矿质。矿质主要是碳酸钙和硅化物，矿质化的壁也具有较高的硬度，增强了支持力。如禾本科植物的茎、叶以及木贼的茎中，细胞壁里面都含有大量的硅酸盐，茎叶硬而粗糙。硅酸盐能溶于氢氟酸，但不溶于醋酸或浓硫酸，可区别于草酸钙和碳酸钙。

细胞学说

1665 年，英国人罗伯特·虎克（R. Hooke）第一次用自制的显微镜观察到细胞，取名"cell"。1838 年，德国植物学家施莱登（M. J. Schleiden）在《植物发生论》中第一个指出："一切植物，如果它们不是单细胞的话，都完全是由细胞集合而成的。细胞是植物结构的基本单位。" 1839 年，德国动物学家施旺（T. Schwann）在《动植物构造及生长相似性之显微研究》一文中指出："植物有机体的外部形态虽然极其多样，但都是由同一种东西——细胞构成的。"

细胞学说是关于生物有机体组成的学说，它论证了整个生物界在结构上的统一性，以及在进化上的共同起源，认为一切生物都由细胞组成，细胞是生命的结构单位，细胞只能由细胞分裂而来。这一学说的建立推动了生物学的发展，并为辩证唯物论提供了重要的自然科学依据。恩格斯把细胞学说与能量守恒和转换定律、达尔文的自然选择学说并誉为 19 世纪自然科学的三大发现。

二、植物细胞的后含物

后含物是细胞原生质体新陈代谢的产物，是细胞中无生命的物质，其中有的是贮藏物，有的是废物。这些物质以液态、晶体或非晶体固态形式，有的存在于原生质体中，有的存在于细胞壁上。后含物的形态和性质常随物种而异，因而，后含物的特征是鉴定药材的重要依据之一。常见的后含物有以下几种。

1. 淀粉

淀粉是葡萄糖分子聚合而成的化合物，是细胞中糖类最普遍的贮藏形式，在细胞中以颗粒状存在，称为淀粉粒。淀粉是在质体中的造粉体内合成的，当造粉体形成淀粉粒时，由一个中心开始，从内向外层层沉积，这一中心称为淀粉粒的脐点。淀粉粒多呈类球形、卵形、多角形等。脐点的形状有点状、线状、星状、人字状、十字状、三叉状、裂缝状等。脐点有的在淀粉粒的中央，如小麦、蚕豆；有的偏于一端，如红薯、土豆。

许多植物的淀粉粒在显微镜下可以看到围绕脐点有许多亮暗相间的层纹，这是由于淀粉沉积时，直链淀粉（葡萄糖分子成直线排列）和支链淀粉（葡萄糖分子成分支状排列）相互交替地分层沉积的缘故，直链淀粉较支链淀粉对水有更强的亲和性，从而显现出折光性上的差异。如果用乙醇处理，使淀粉粒脱水，这种层纹即随之消失。

淀粉粒在形态上有单粒、复粒、半复粒三种类型。单粒淀粉只有一个脐点，其层纹围绕这个脐点；复粒淀粉具有两个以上脐点，各脐点分别有各自的层纹环绕；半复粒淀粉具有两个以上脐点，每个脐点除各自的层纹外，还有共同的层纹环绕。（图2-6）

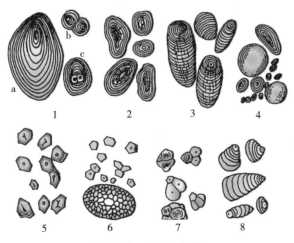

图2-6 各种淀粉粒

1. 马铃薯（a. 单粒淀粉；b. 复粒淀粉；c. 半复粒淀粉）

2. 豌豆 3. 藕 4. 小麦 5. 玉米 6. 大米 7. 半夏 8. 姜

淀粉粒的类型、形状、大小、层纹和脐点等常随植物种类不同而异，因而可作为药材鉴定的依据。淀粉粒不溶于水，在热水中常膨胀而糊化，遇酸或碱加热则分解为葡萄糖。直链淀粉遇稀碘液显蓝色，支链淀粉则显紫红色，因淀粉粒一般是两种结构淀粉的混合物，故常显蓝紫色。

2. 菊糖

菊糖由果糖分子聚合而成，多存在于菊科、桔梗科和龙胆科植物的细胞中。菊糖能溶于水，不溶于乙醇，所以新鲜的植物体细胞不能看到菊糖结晶，可将含有菊糖的植物材料浸于乙醇中，一周后做成切片置显微镜下观察，在细胞内可见类圆形、半圆形或扇形的菊糖结晶。遇 25% α - 萘酚溶液和浓硫酸，菊糖结晶显紫红色并溶解。（图 2 - 7）

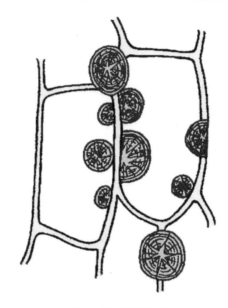

图 2 - 7 菊糖结晶

3. 蛋白质

植物细胞中的贮藏蛋白质是化学性质稳定的无生命物质，与构成原生质体的活性蛋白质完全不同。种子的胚乳和子叶细胞中通常含有丰富的蛋白质，它们多以糊粉粒的形式贮藏在胞基质或液泡中，为无定形小颗粒或结晶体。贮藏蛋白质遇碘液呈暗黄色，遇硫酸铜加苛性碱水溶液显紫红色。

4. 脂肪和脂肪油

脂肪和脂肪油是由脂肪酸和甘油结合而成的酯，在常温下呈固态或半固态的称脂肪，呈液态的称脂肪油，以种子中含量最丰富，如芝麻、花生等。脂肪和脂肪油遇苏丹Ⅲ溶液显橙红色、红色或紫红色；遇锇酸显黑色。

5. 晶体

晶体是植物细胞中无机盐的结晶体，常被认为是细胞新陈代谢的废物，常见的有草酸钙结晶和碳酸钙结晶。

（1）草酸钙结晶　是植物细胞在代谢过程中产生的草酸被钙中和的产物，形成晶体后便避免了草酸对细胞的毒害。草酸钙通常为无色半透明或稍暗灰色的晶体，以不同的形状分布于细胞液中。（图2-8）

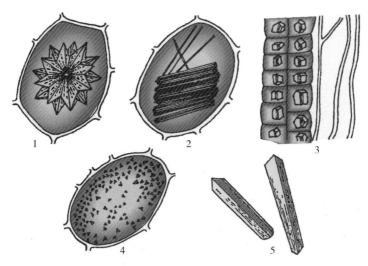

图2-8　各种草酸钙结晶

1. 簇晶　2. 针晶　3. 方晶　4. 砂晶　5. 柱晶

①方晶：又称单晶或块晶，常单个存在于细胞内，呈正方形、长方形、斜方形、多面体形、菱形、双锥形等，如甘草、黄柏、木瓜、陈皮、枳壳、佛手。

②簇晶：是由许多单晶聚集成簇构成的复式结构，呈类球形，每个单晶的尖端都突出于球的表面，如人参、大黄、川芎、牡丹皮、金银花、小茴香。

③针晶：呈两端尖锐的针状，常聚集成束，多存在于黏液细胞中，如半夏、天南星、黄精、玉竹。有的针晶不规则地分散在细胞中，如苍术。

④砂晶：呈细小的三角形、箭头状或不规则形，常密集分布在细胞中，如牛膝、地骨皮、银柴胡。

⑤柱晶：呈长柱形，长度为直径的4倍以上，如淫羊藿、射干。

一种植物通常只形成一种形状的晶体，也有少数植物形成多种晶体，如川牛膝中除砂晶外尚有方晶，洋金花中含有簇晶、方晶和砂晶。

草酸钙晶体不溶于水合氯醛溶液，也不溶于稀醋酸，溶于稀盐酸而无气泡产生，遇20%硫酸溶解并形成硫酸钙针晶析出。

草酸钙结晶在植物鉴定中的意义

不是所有植物都含草酸钙结晶；含草酸钙结晶的植物，其晶体的形状、大小又是比较稳定的。据此，可以把草酸钙结晶的有无、形状和大小，作为植物显微鉴定的依据。例如，三七含草酸钙簇晶，其伪品菊三七不含草酸钙晶体；人参含草酸钙簇晶，其伪品商陆含草酸钙针晶、华山参含草酸钙砂晶，据此可以鉴别真伪。

（2）碳酸钙结晶　又称钟乳体，形如一串悬垂的葡萄，一端连接在细胞壁上。多存在于爵床科、桑科、荨麻科等植物叶的表皮细胞中，如穿心莲、无花果。碳酸钙结晶遇醋酸溶解并释放出 CO_2 气泡，可与草酸钙结晶相区别。（图 2-9）

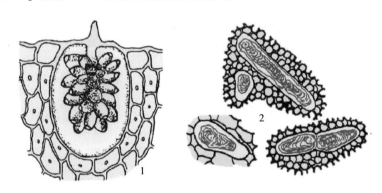

图 2-9　碳酸钙结晶
1. 无花果叶内钟乳体　2. 穿心莲叶内钟乳体

此外，某些植物还存在其他类型的结晶，如陈皮中含橙皮苷结晶、槐花中含芸香苷结晶、菘蓝叶中含靛蓝结晶、柽柳叶中含硫酸钙结晶等，这些结晶多为中药活性成分。

三、植物细胞的分裂

植物的生长主要是依靠细胞的数量增加、体积增大和功能分化来实现，而细胞的数量增加是细胞分裂的结果。植物细胞的分裂方式通常有以下三种。

1. 有丝分裂

有丝分裂在细胞分裂过程中会出现纺锤丝，是最普遍的一种方式，通过分裂增加植物体细胞。根尖和茎尖的分生组织细胞与形成层细胞的分裂都是有丝分裂。

2. 无丝分裂

无丝分裂过程较简单，也是植物体细胞的一种增殖方式，分裂时不会出现染色体和纺锤丝。在低等植物和高等植物中无丝分裂都普遍存在。

3. 减数分裂

减数分裂是植物有性繁殖产生配子的一种分裂方式。在分裂过程中，细胞连续分裂两次，而染色体只复制一次。分裂完成后，一个母细胞分裂产生了 4 个子细胞，子细胞中染色体的数目只有母细胞的一半。

植物细胞可能向任意方向发生分裂，通常有三个主要的分裂方向。（图 2 – 10）

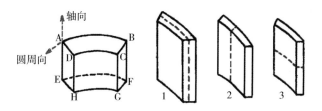

图 2 – 10　细胞壁向和分裂方向

ABCD 和 EFGH 为横壁，ADHE 和 CBFG 为径向壁，ABFE 和 DCGH 为切（弦）向壁（平周壁）

1. 切向分裂（平周分裂）　2. 径向分裂（垂周分裂）　3. 横分裂（垂周分裂）

（1）切向分裂　细胞分裂后所生成的新细胞壁在横切面上与植物体或植物器官的半径线垂直的分裂，称切向分裂。其结果是植物体或植物器官的增粗。切向分裂又称平周分裂，因为细胞经切向分裂后生成的新细胞壁和植物体或植物器官的外表面是平行的。

（2）径向分裂　细胞分裂后所生成的新细胞壁在横切面上与植物体或植物器官的半径线平行的分裂，称径向分裂。径向分裂的结果是增加了植物体或植物器官的圆周。

（3）横分裂　细胞分裂后所生成的新细胞壁横切面上与植物体或植物器官纵轴垂直的分裂，称横分裂。其结果是增加了植物体或植物器官的长度。径向分裂或横分裂又称为垂周分裂，这是因为细胞经横分裂或径向分裂后所生成的新细胞壁和植物体或植物器官的外表面是垂直的。

第二节　植物组织

植物细胞经过分生、分化后形成不同的组织。组织是由许多来源相同、形态结构相似、功能相同而又彼此紧密联系的细胞所组成的细胞群。植物的各种器官都是由多种组织构成的。

根据形态结构和功能不同，将植物组织分为分生组织、薄壁组织、保护组织、分泌组织、机械组织和输导组织六类。其中后五类组织是由分生组织分裂分化的细胞发育而成的，统称为成熟组织，它们具有一定的稳定性，又称为永久组织。

一、分生组织

分生组织是由一群具有分生能力的细胞组成的细胞群，它们位于植物体生长部位，与植物体生长活动有直接关系。分生组织的特点是：细胞代谢特别旺盛，具有分生能力，细胞体积小，细胞壁薄，细胞核大，细胞质浓，没有明显的液泡，为等径多面体形状，细胞排列紧密。

根据分生组织的来源性质或在植物体内的分布位置，将其分为各种类型。

1. 按分生组织的来源性质分类

（1）原分生组织　由种子的胚保留下来的一团原始细胞所组成，细胞没有任何分化，分裂机能旺盛，可长期保持分裂能力，位于根、茎先端。

（2）初生分生组织　由原分生组织衍生的细胞发展而来，其特点是：一方面细胞已开始分化；另一方面细胞仍具有分裂能力，但没有原分生组织分裂旺盛。初生分生组织分生的结果，产生根、茎的初生构造。

（3）次生分生组织　由已经分化成熟的薄壁组织细胞经过生理上和结构上的变化，又重新恢复分裂能力而形成的。次生分生组织分生的结果，产生根、茎的次生构造。

2. 按分生组织的分布位置分类

（1）顶端分生组织　位于根和茎的顶端，它们的分裂活动可以使根、茎不断伸长长高，或形成侧枝、叶、生殖器官。（图2-11）

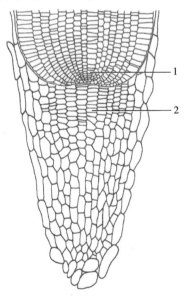

图2-11　根尖顶端分生组织

1. 根尖生长点　2. 根冠分生组织

（2）侧生分生组织　主要存在于裸子植物和木本双子叶植物中，位于根和茎的外周，包括形成层和木栓形成层。形成层的活动能使根和茎不断增粗，木栓形成层的活动能使因不断增粗而被破坏的根和茎的表面形成新的保护组织（周皮）。

（3）居间分生组织　是指居于多少已经分化了的组织区域之间的分生组织，是从顶端分生组织保留下来的或是由已经分化的薄壁组织重新恢复分生能力而形成的分生组织。通常位于某些植物茎的节间基部、叶的基部、总花柄的顶部以及子房柄等处，它的活动与植物的居间生长有关，如小麦拔节、韭菜割后再长、花生入土结实等。

综合上述两种分类方法，一般认为，就其发生来说，顶端分生组织属于原分生组织，但原分生组织和初生分生组织之间无明显界限，所以，顶端分生组织也包括初生分生组织。侧生分生组织则相当于次生分生组织。居间分生组织则相当于初生分生组织。

二、薄壁组织

薄壁组织也称基本组织，在植物体中分布最广、占有最大的体积，是植物体最重要的组成部分。如根与茎的皮层和髓部、叶肉、花的各部分、果肉、种子的胚乳等，全部或主要由薄壁组织构成，植物的其他组织多分布于薄壁组织之中。薄壁组织的细胞壁薄，体积大，常呈球形、椭圆形、圆柱形、多面体，排列疏松，是生活细胞。细胞分化程度浅，有潜在的分生能力。薄壁组织在植物体内具有同化、贮藏、吸收、通气、营养等功能。

根据细胞结构和生理功能不同，薄壁组织分为以下五类。

1. 基本薄壁组织

细胞质较稀薄，液泡较大，叶绿体较少，排列疏松，有间隙，为生活细胞。主要起填充和联系其他组织的作用。在一定条件下局部薄壁细胞可以恢复分裂能力转化为次生分生组织。

2. 同化薄壁组织

细胞质中叶绿体较多，细胞排列局部整齐紧密（栅栏组织），局部疏松（海绵组织）。主要功能是进行光合作用，制造有机物。大多存在于植物体受光照射的部分，如植物的叶肉、幼嫩的茎、绿色萼片、果实等器官的表面。

3. 贮藏薄壁组织

细胞质中充满多种贮藏物质，主要有淀粉、蛋白质、脂肪等，其主要功能是贮藏细胞所合成的营养物质，贮藏的物质可以溶解在细胞液里，也可以固态或液态分散在细胞质中，有些还沉积在细胞壁上。有的贮藏大量水分，称贮水薄壁组织，如仙人掌、景天等。贮藏薄壁组织主要存在于植物根、根状茎、果实和种子中。

4. 吸收薄壁组织

吸收薄壁组织主要存在于植物根尖的根毛区，这区域的部分细胞壁向外突起，形成根毛，主要功能是吸收外界的水分和营养物质。

5. 通气薄壁组织

细胞间隙大，相互连接成管道或空腔，贮存大量气体，有利于植物气体交换，也有利于植物的漂浮和支持，主要存在于水生植物和沼泽植物，如水稻、莲等。这是植物对长期生长在潮湿环境中的一种适应。

三、保护组织

保护组织包被在植物体各个器官表面，保护植物的内部组织，调控植物体内外气体的交换，防止内部水分过度散失和外界不良环境的伤害。根据来源、形态和结构的不同，保护组织可分为表皮（初生保护组织）和周皮（次生保护组织）两类。

（一）表皮

表皮分布于幼嫩的植物器官表面，由初生分生组织分化而来，属于初生保护组织，通常由一层生活细胞组成，少数植物由 2~3 层细胞构成，即所谓的复表皮。表皮细胞常为扁平的长方形、方形、不规则形状等，细胞边缘呈波浪状，细胞排列紧密、无间隙，有细胞核、大型液泡及少量的细胞质，一般不含叶绿体。表皮细胞的细胞壁四周薄厚不一，内壁和侧壁较薄，外壁较厚，同时角质化形成角质层，有的还具有蜡被。角质和蜡被都属脂质，透水性差，能防止水分散失和病菌侵入，增强细胞壁的保护作用。部分表皮细胞特化成表皮的附属结构，如向外突出可形成各种毛茸，或者特化成气孔。

1. 毛茸

植物表面的毛茸是由表皮细胞向外分化形成的突起物，具有保护、分泌、减少水分蒸发等作用。有分泌作用的毛茸称腺毛，没有分泌作用的毛茸称非腺毛。

（1）腺毛　多存在于植物茎、叶、子房、花萼、花冠等部分，由植物体表的表皮细胞分化而来。

腺毛是能分泌黏液、树脂、挥发油等物质的毛茸，有头、柄之分，其头部的细胞被较厚的角质层覆盖，分泌物可由分泌细胞排出细胞体外，暂时积聚在细胞壁和角质层之间，再由角质层渗出，或角质层破裂后散发出来。薄荷叶上的腺毛，无柄或短柄，头部由 6~8 个细胞组成，呈扁球形，鳞片状，特称腺鳞。有的腺毛存在于薄壁组织内部细胞间隙中，称为间隙腺毛。还有的腺毛不仅能分泌多糖类物质以吸引昆虫，同时还能分泌特殊消化液，"捕捉"并"消化"昆虫。另外，还有一种可分泌盐的腺毛存在于一些植物的叶表面。（图 2-12）

（2）非腺毛　由单细胞或多细胞构成，无分泌作用，无头、柄之分，末端尖狭，起屏

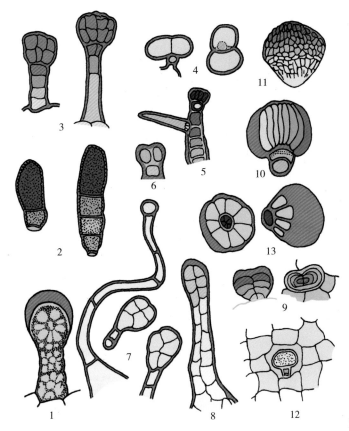

图 2 - 12　植物的腺毛

1～12. 腺毛　1. 生活状态的腺毛　2. 谷精草　3. 金银花　4. 密蒙花　5. 白泡桐花

6. 洋地黄叶　7. 洋金花　8. 款冬花　9. 石胡荽叶　10. 凌霄花　11. 啤酒花

12. 广藿香茎间隙腺毛　13. 薄荷叶腺鳞（左：顶面观；右：侧面观）

障保护作用。植物体不同，非腺毛的多少、形状及分枝状况也不同。常见类型有以下几种。（图 2 - 13）

线状毛：由单细胞或多细胞构成，线形。如忍冬和番泻叶的非腺毛单细胞，益母草、洋地黄叶的非腺毛多细胞构成。

分枝毛：树枝状分枝，且分枝较长。如毛蕊花的分枝毛。

丁字毛：丁字状或"T"状。如艾叶的毛茸。

棘毛：细胞壁厚而坚固，木质化，细胞内有结晶体沉淀。如大麻叶的棘毛，其基部有钟乳体沉淀。

钩毛：形态似棘毛，但顶部有钩状弯曲。如茜草的毛茸。

星状毛：星形放射状分枝。如蜀葵叶、石韦叶、密蒙花的毛茸。

鳞毛：突出呈鳞片状，有的呈圆形平顶状。如胡颓子叶的毛茸。

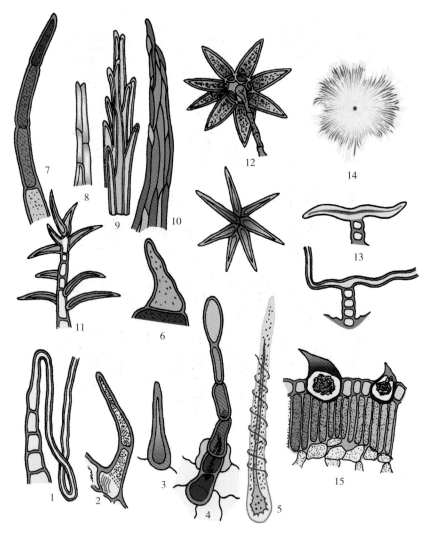

图2-13　植物的非腺毛

1～10.线状毛　1.刺儿菜叶　2.薄荷叶　3.益母草叶　4.蒲公英叶　5.金银花

6.白曼陀罗花　7.洋地黄叶　8.旋覆花　9.款冬花冠毛　10.蓼蓝叶

11.分枝毛（裸花紫珠叶）　12.星状毛（上：石韦叶，下：芙蓉叶）

13.丁字毛（艾叶）　14.鳞毛（胡颓子叶）　15.棘毛（大麻叶）

　　螫毛：毛茸细胞的液泡含有大量的蚁酸，而且细胞壁很脆，易破裂，能刺激皮肤引起剧痛。如荨麻的毛茸。

　　乳突：有些花瓣表皮细胞向外突出，不像毛状，而像乳头状。如红花花冠上的乳突。

　　2. 气孔

　　植物的表面不是全部被表皮细胞所密封的，在表皮上（尤其是叶的下表皮）还有许多气孔，是植物体与环境进行气体交换的通道，主要分布在叶片、嫩茎、花、果实的表面。

气孔是由两个表皮细胞分化的肾形（半月形）或哑铃形的保卫细胞对合而成。双子叶植物的保卫细胞常为肾形。保卫细胞比其周围的表皮细胞小，有明显的细胞核，并含有叶绿体，是生活细胞。保卫细胞不仅在形状上与表皮细胞不同，而且细胞壁增厚的情况也特殊，一般保卫细胞和表皮细胞相邻的细胞壁比较薄，紧靠气孔处的细胞壁较厚。因此，当保卫细胞充水膨胀或失水收缩时，保卫细胞形状发生改变，能引起气孔的开放或闭合，所以气孔有控制气体交换和调节水分蒸发的作用。另外，气孔的开闭也受外界环境条件的影响，如光线、温度、湿度和二氧化碳浓度等。（图 2 - 14）

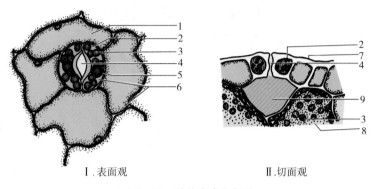

Ⅰ.表面观   Ⅱ.切面观

图 2 - 14　叶的表皮与气孔

1. 表皮细胞　2. 保卫细胞　3. 叶绿体　4. 气孔　5. 细胞核

6. 细胞质　7. 角质层　8. 栅栏组织细胞　9. 气室

气孔在植物体各器官的分布因所处的环境条件不同而异，叶片的气孔较多，茎上的气孔较少，而根上几乎没有。大多数植物的同一叶片上，下表皮气孔比上表皮分布多，有些植物上表皮无气孔，水生植物上下表皮均无气孔。

在气孔保卫细胞的周围常有两个或多个与表皮细胞形状不同的细胞，称副卫细胞。保卫细胞和副卫细胞的排列方式与植物种类有关，其排列关系称气孔轴式或气孔类型。双子叶植物的气孔轴式常见的有以下几种。（图 2 - 15）

（1）平轴式　气孔周围通常有两个副卫细胞，其长轴与保卫细胞的长轴平行。如茜草叶、常山叶、番泻叶、补骨脂叶、马齿苋叶、花生叶等。

（2）直轴式　气孔周围通常有两个副卫细胞，其长轴与保卫细胞的长轴垂直。如石竹叶、瞿麦叶、薄荷叶、穿心莲叶、紫苏叶、益母草叶等。

（3）不等式　气孔周围的副卫细胞 3 ~ 4 个，大小不等，其中一个明显较小。如荠菜叶、菘蓝叶、薄菜叶、曼陀罗叶、烟草叶等。

（4）不定式　气孔周围的副卫细胞数目不定，其大小基本相同，形状与其他表皮细胞相似。如毛茛叶、艾叶、桑叶、玄参叶、地黄叶、枇杷叶等。

（5）环式　气孔周围的副卫细胞数目不定，其形状比其他表皮细胞狭窄，围绕气孔排

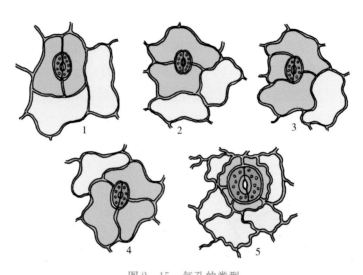

图2-15　气孔的类型

1. 平轴式　2. 直轴式　3. 不等式　4. 不定式　5. 环式

列成环状。如茶叶、桉叶等。

一般情况下，不同植物可能具有不同类型的气孔轴式，同一植物同一器官上也可能有两种或两种以上类型。气孔轴式随植物的不同而异，可以作为药材鉴定的依据之一。

单子叶植物（如禾本科）的气孔与双子叶植物的气孔有区别：禾本科植物的气孔保卫细胞呈哑铃形，副卫细胞与保卫细胞平行排列，略呈三角形，对气孔的开启有辅助作用。（图2-16）

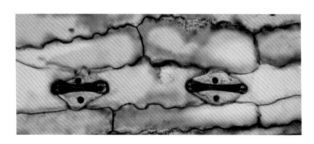

图2-16　玉米叶的表皮和气孔

（二）周皮

大多数草本植物的器官表面终生为表皮，木本植物只是叶始终有表皮，而根和茎表皮仅见于幼嫩时期，以后在根和茎的不断加粗过程中表皮被破坏，随之，植物体相应地形成次生保护组织——周皮，来代替表皮行使保护作用。周皮是一种复合组织，它由木栓层、木栓形成层和栓内层三种不同组织构成。

木栓层是由木栓形成层细胞向外做切向分裂所形成的细胞组成，从横切面观木栓层细胞扁平，排列紧密整齐，无细胞间隙，细胞壁较厚、栓质化，原生质体解体，是死细胞。

栓质化的细胞壁不易透水，也不易透气，是良好的保护组织。木栓形成层是次生分生组织，在根中通常由中柱鞘细胞恢复分生能力形成，在茎中则多由皮层或韧皮部薄壁细胞恢复分生能力形成。木栓形成层细胞活动时，向外分裂形成木栓层，向内分裂产生栓内层。栓内层细胞是生活的薄壁细胞，排列疏松。茎中栓内层细胞常含有叶绿体，又称为绿皮层。（图 2 - 17）

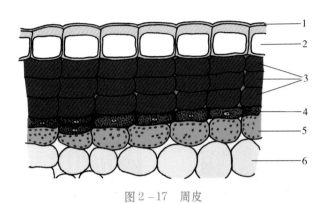

图 2 - 17 周皮

1. 角质层 2. 表皮层 3. 木栓层 4. 木栓形成层

5. 栓内层 6. 皮层

周皮形成时，位于气孔下面的木栓形成层向外分生出大量排列疏松的类圆形薄壁细胞，称填充细胞。由于填充细胞的积累，将表皮突破形成皮孔。皮孔是植物体进行气体交换和水分蒸腾的通道。在木本植物的茎枝上，皮孔多呈浅色的条状或点状突起。皮孔形状、颜色和分布的密度可作为皮类药材的鉴别特征。

四、分泌组织

分泌组织是植物体中具有分泌功能的细胞群。其细胞多呈圆球形、椭圆形或长管状，一般为生活细胞，能分泌某些特殊物质，如蜜液、黏液、挥发油、树脂、乳汁等。这些分泌物能够阻止植物组织腐烂，促进创伤愈合，避免动物侵害，有的还能引诱昆虫传粉。

根据分泌组织产生的分泌物是积累在植物体内还是排出体外，将其分为内部分泌组织和外部分泌组织。

（一）外部分泌组织

外部分泌组织分布在植物体的体表部分，其分泌物排出体外，如腺毛、蜜腺等。（图 2 - 18）

1. 腺毛

腺毛是具有分泌作用的毛茸，由表皮细胞特化而来。腺毛有腺头、腺柄之分，其头部的细胞覆盖着角质层，分泌物积聚在细胞壁与角质层之间。分泌物可由角质层渗出或角质层破裂而排出。腺毛多见于植物的茎、叶、芽鳞、子房、花萼、花冠等部位。

2. 蜜腺

蜜腺是能分泌蜜汁的腺体，由一层表皮细胞或其下面数层细胞特化而成。腺体细胞的细胞壁较薄，细胞质较浓，细胞质产生蜜汁，蜜汁通过角质层的破裂向外扩散，或经腺体上表皮的气孔排出体外。蜜腺一般位于虫媒花植物的花萼、花冠、子房或花柱的基部，具蜜腺的花均为虫媒花，如油菜花、槐花、荞麦花等。蜜腺除存在于花部外，还存在于植物的茎、叶、托叶、花柄等处，如蚕豆托叶的紫黑色腺点及桃叶的基部均有蜜腺。

(二) 内部分泌组织

内部分泌组织分布在植物体内，其分泌物贮藏在细胞内或细胞间隙中。根据其形态结构和分泌物的不同，可分为以下四种。(图2-18)

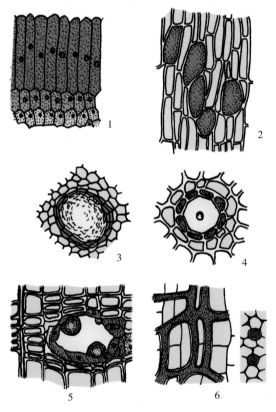

图2-18 分泌组织

1. 蜜腺 2. 分泌细胞 3. 溶生式分泌腔
4. 裂生式分泌腔 5. 树脂道 6. 乳汁管

1. 分泌细胞

分泌细胞是分布在植物体内部的具有分泌能力的细胞，通常比周围细胞大，一般以单个或多个细胞分散于各个组织中。分泌细胞多呈圆球形、椭圆形、囊状或分枝状，其分泌物贮存在细胞内，当分泌物充满整个细胞时，细胞壁往往木栓化而成为死亡的贮存细胞。按分泌物不同，分别称为油细胞（分泌挥发油），如姜、厚朴、桂皮等；黏液细胞（分泌黏液质），如半夏、天南星、山药等。

2. 分泌腔

分泌腔又称为分泌囊或油室，是由许多分泌细胞围成的具有一定空间的囊状腔室，腔室内积累分泌物。积累挥发油的称为油室，柑橘类植物的叶、果皮等均具有油室。根据形成过程和结构可分为两种：一种是溶生式分泌腔，它是由于细胞分泌物积累增多，使细胞壁破裂溶解，在体内形成一个含有分泌物的腔室，腔室周围的细胞常破碎不完整，如陈皮、橘叶；另一种是裂生式分泌腔，分泌细胞彼此分离，胞间隙扩大而形成腔室，分泌细胞完整地围绕着腔室，分泌物充满于腔室中，如当归根和金丝桃叶。

3. 分泌道

分泌道主要分布于松、柏类和一些双子叶木本植物中。其形成过程是由顺轴分布的分泌细胞彼此分离形成的一个长形胞间隙腔道，其周围的分泌细胞称为上皮细胞，上皮细胞产生的分泌物贮存在腔道中。根据分泌物的不同，分为树脂道（分泌树脂），如松树茎；油管（分泌挥发油），如伞形科植物的果实；黏液道或黏液管（分泌黏液），如美人蕉和椴树。

4. 乳汁管

乳汁管是一种分泌乳汁的长管状单细胞，常具分枝，或由一系列细胞合并，横壁消失连接而成，并在植物体内形成系统。构成乳汁管的细胞是生活细胞，液泡里含有大量的乳汁，具有贮藏和运输营养物质的功能。乳汁具黏滞性，多呈乳白色、黄色或橙色。乳汁的成分十分复杂，主要有糖类、蛋白质、脂肪、生物碱、苷类、树脂、橡胶、酶等物质。

根据乳汁管的发育过程可分为下列两类型：

（1）无节乳汁管　由一个细胞构成，细胞分枝，长度常达数米，管壁上无节。如桑科、夹竹桃科、萝藦科等植物的乳汁管。

（2）有节乳汁管　由许多管状细胞连接而成，其连接处细胞壁融化消失，成为多核巨大的分枝或不分枝的管道系统，乳汁可以互相流动。如罂粟科、旋花科、桔梗科、菊科等植物的乳汁管。

五、机械组织

机械组织是对植物体起着支持和巩固作用的组织，细胞通常为细长形、类圆形或多角形，主要特征是细胞壁明显增厚。根据细胞壁增厚的方式不同，分为厚角组织和厚壁组织两类。

（一）厚角组织

厚角组织的细胞是生活细胞，常含有叶绿体，可进行光合作用。在横切面上，细胞常呈多角形，细胞结构特点是细胞壁的初生壁不均匀加厚，主要在细胞角隅处加厚，故称为厚角组织，但也有的在切向壁或靠胞间隙处加厚。细胞壁加厚的成分是纤维素，不含木质素，硬度不高，较柔韧，既有一定的坚韧性，又有可塑性和延伸性，可以支持器官直立，也适应器官的迅速生长。

厚角组织常分布于草本植物茎和尚未进行次生生长的木质茎中，以及叶柄、花柄、叶片主脉上下两侧部分的表皮内，成环或成束分布，如薄荷、益母草、芹菜、南瓜等植物茎的棱角就是厚角组织集中分布的地方。（图2－19）

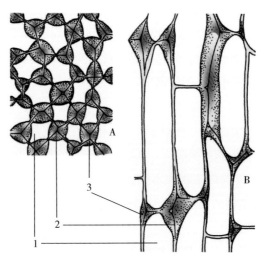

图2－19　厚角组织

A. 横切面　B. 纵切面

1. 细胞腔　2. 胞间层　3. 增厚的壁

（二）厚壁组织

厚壁组织的细胞具有全面增厚的次生壁，并且常常木质化，胞腔小，壁较厚，具层纹和纹孔，细胞成熟后一般没有原生质体，成为只有细胞壁的死细胞。根据细胞的形状不同，分为纤维和石细胞两类。

1. 纤维

纤维一般为两端尖细的长梭形细胞，具增厚的次生壁，常木质化而坚硬，胞腔小甚至没有，细胞质和细胞核消失。纤维通常成束，末端彼此嵌插，形成器官的坚强支柱。根据纤维在植物体内分布部位不同，分为韧皮纤维和木纤维。

（1）韧皮纤维　主要分布在韧皮部的纤维称为韧皮纤维。韧皮纤维常聚合成束，细胞呈长梭形，较长，两端尖，细胞壁厚，细胞腔呈缝隙状。在横切面观细胞多呈圆形、多角形等，常呈现出同心环层纹。细胞壁增厚的成分主要是纤维素，因此韧性大，拉力强，如亚麻、苎麻等植物的韧皮纤维不木质化，故较柔韧。

（2）木纤维　主要分布在木质部的纤维称为木纤维。木纤维较韧皮纤维短，细胞壁均木质化，细胞腔小，因此比较坚硬，支持力强。木纤维细胞壁增厚的程度随植物种类和生长时期不同而异。细胞壁的厚薄与木材的坚实、疏松程度有关，如栗树、栎树的木纤维细胞壁强烈增厚，材质坚实；而白杨、枫杨木纤维的细胞壁较薄，材质较疏松。就生长季节来说，春季生长的木纤维细胞壁较薄，而秋季生长的木纤维细胞壁较厚。

木纤维细胞壁厚而坚硬，增加了植物体的支持和巩固作用，但木纤维细胞的韧性、弹性较差，易折断。木纤维仅存在于被子植物的木质部中，而裸子植物的木质部中无木纤维，主要由管胞组成。

此外，在药材鉴定中，还可见到几种特殊类型的纤维。晶鞘纤维（晶纤维）：是由纤维束及其外侧包围的含有晶体的薄壁细胞所组成的复合体，如甘草、黄柏。嵌晶纤维：在纤维细胞壁外密嵌细小的草酸钙方晶，如南五味子根。分隔纤维：在纤维细胞腔中有菲薄的横隔膜，如姜。分支纤维：长梭形纤维顶端具有明显的分枝，如东北铁线莲的根。（图 2 - 20）

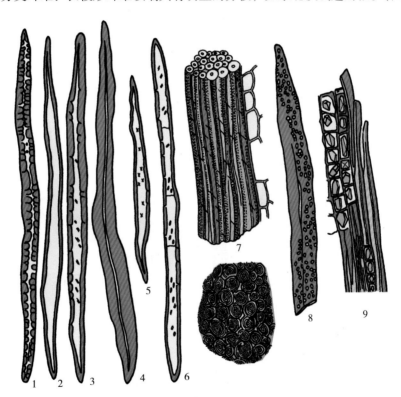

图 2 - 20　各种纤维

1 ~ 7. 纤维　1. 五加皮　2. 苦木　3. 关木通　4. 肉桂　5. 丹参　6. 姜

7. 纤维束（上：侧面；下：横切面）　8. 嵌晶纤维（南五味子根）　9. 晶纤维（甘草）

2. 石细胞

石细胞是植物体内特别硬化的厚壁细胞，多呈等径、椭圆形、圆形、分枝状、星状、柱状、毛状等，细胞壁强烈增厚，均木质化，细胞腔极小。成熟的石细胞原生质体通常消失，成为具坚硬细胞壁的死细胞，有较强的支持作用。常见于茎、叶、果实和种子中，单个散在或多个成群存在于薄壁组织中，有的也连续成环分布。如梨的果肉中，椰子、核桃、桃、杏坚硬的果皮中，黄柏、厚朴的皮层中，三角叶黄连、白薇的髓部，肉桂、杜仲的韧皮部，茶树、桂花、木犀的叶片中都分布有石细胞。

石细胞的形状变化很大，是药材鉴定重要的依据。药材中最常见的是近等径（较短）的石细胞，如梨果肉中的圆形或类圆形石细胞，黄芩、川乌根中的长方形、类方形、多角形的石细胞，乌梅种皮中壳状、盔状石细胞，厚朴、黄柏中的不规则状石细胞。此外，还有一些较特殊类型的石细胞，如山茶叶柄中的长分枝状石细胞，山桃种皮中犹如非腺毛状的石细胞等。

在虎杖根及根茎中有一种石细胞腔内产生薄的横隔膜，称分隔石细胞。还有一种石细胞其次生壁外层嵌有非常细小的草酸钙晶体，并常稍突出于表面，这种石细胞称为嵌晶石细胞。在石细胞内含有各种形状的草酸钙结晶，此种石细胞称为含晶石细胞，如南五味子根皮、侧柏种子、桑寄生茎及叶内均存在含有草酸钙方晶的石细胞，龙胆根内有含砂晶的石细胞，紫菀根及根状茎内有含簇晶的石细胞等。（图2-21）

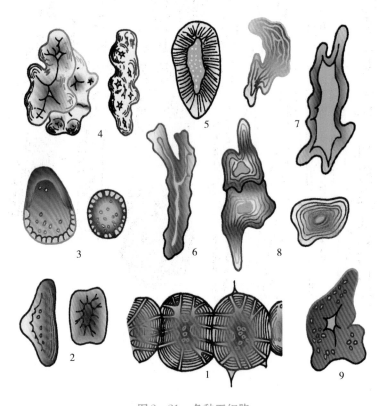

图2-21　各种石细胞

1~8. 石细胞　1. 梨果肉　2. 土茯苓　3. 苦杏仁　4. 川楝子　5. 五味子

6. 茶叶　7. 厚朴　8. 黄柏　9. 嵌晶石细胞（南五味子根）

六、输导组织

输导组织是植物体内输送水分、无机盐和光合作用产生的有机物的组织。细胞一般呈管状，上下连接，贯穿于整个植物体内。根据输导组织的内部构造和运输物质的不同，输导组织可分为两类：一类是木质部中的导管和管胞，主要是由下而上输送水分和无机盐；另一类是韧皮部中的筛管、伴胞和筛胞，主要是由上而下输送光合作用产生的有机物质。

（一）导管和管胞

导管和管胞存在于植物体的木质部中，具有较厚的次生壁，形成各式各样的纹理，常木质化，成熟后的细胞原生质体解体，成为只有细胞壁的死细胞。

1. 导管

导管为大多数被子植物的主要输水组织。导管是由一系列长管状或筒状的死细胞（称为导管分子）纵向连接而成的，每个导管分子横壁溶解消失形成穿孔，穿孔的形成使导管中的横壁打通，上下导管分子成为一个通连的管子。相邻导管则靠侧壁上的纹孔运输水分。

导管在形成过程中，其木质化的次生壁非均匀增厚。根据增厚时所形成的纹理不同，导管主要分为五种类型。（图2－22）

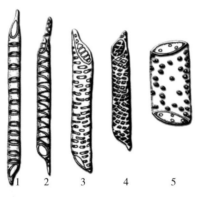

图2－22　导管的类型

1. 环纹导管　2. 螺纹导管　3. 梯纹导管　4. 网纹导管　5. 孔纹导管

（1）环纹导管　导管壁上的木质化增厚呈多个圆环，在增厚的环纹之间为细胞初生壁，有利于导管伸长生长，环纹导管直径较小。如南瓜茎、凤仙花的幼茎中。

（2）螺纹导管　导管壁上的木质化增厚部分呈螺旋状，这种增厚也不妨碍导管的伸长生长，螺纹导管直径较小。增厚的次生壁容易与初生壁分离，常见的"藕断丝连"中的丝就是螺纹导管中螺旋带状的次生壁与初生壁分离开的现象。

（3）梯纹导管　增厚部分比例大，导管壁上未增厚的初生壁部分像梯子形状，也称梯形导管。导管分子分化程度较深，木质化程度高，不容易进行伸长生长，多存在于植物器官的成熟部位。如葡萄茎、常山根中。

（4）网纹导管　增厚的木质化次生壁交织成网状，网孔是未增厚的部分，导管的直径较大，多存于植物器官的成熟部位。如大黄的根及根茎中。

（5）孔纹导管　导管次生壁几乎全面木质化增厚，未增厚部分多为单纹孔或具缘纹孔，导管直径较大，多存在于植物器官的成熟部位。如甘草的根及根茎中。

以上导管类型仅是比较典型的几种，在实际观察时，还常见一些混合类型，例如同一导管上存在螺纹和环纹，称螺环纹导管，还有螺梯纹导管、梯网纹导管等。在药材鉴定中应注意观察导管类型、形状、长度、直径、木质化程度等。

2. 管胞

管胞为大多数蕨类植物和裸子植物的主要输水组织，同时具有支持作用。管胞与导管分子在形态上有明显的不同，每个管胞是一个细胞，呈长管状，细胞口径小，两端斜尖，两端壁上均不形成穿孔。相邻管胞通过侧壁上的纹孔运输水分，所以其运输效率比导管低，是一类较原始的输导组织。管胞的次生壁增厚，也常形成环纹、螺纹、梯纹、孔纹等各种类型。导管和管胞在药材粉末的显微鉴别中很难分辨，常采用解离方法将细胞分开，再观察管胞分子形态。

（二）筛管、伴胞和筛胞

筛管、伴胞和筛胞存在于植物体的韧皮部中，是输送光合作用制造的有机营养物质到植物其他部分的管状生活细胞。

1. 筛管

筛管主要存在于被子植物的韧皮部中，由筛管分子（活细胞）纵向连接而成。筛管分子上下两端壁特化形成筛板，在筛板上有许多小孔，称为筛孔。筛板两边相邻细胞中的原生质，通过筛孔由胞间连丝联系起来，形成上下相通的通道。有些植物的筛管分子侧壁上也有筛孔，使周围相邻的筛管彼此得以联系，筛孔集中分布的区域称为筛域。

筛管分子一般只能生活 1~2 年，老的筛管因挤压破碎成颓废组织，失去输导功能，被新产生的筛管代替。（图 2 – 23）

2. 伴胞

筛管分子的旁边，常有一个或多个细长的小型薄壁细胞，与筛管相伴，称为伴胞。伴胞和筛管细胞是由同一母细胞分裂而成的，其细胞质浓，细胞

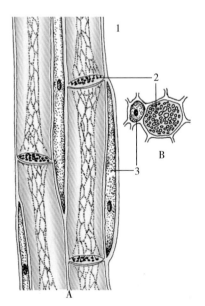

图 2 – 23　筛管与伴胞

A. 纵切面　B. 横切面

1. 筛管　2. 筛板　3. 伴胞

核大，含有多种酶类物质，生理上很活跃，呼吸作用旺盛。筛管的输导功能与伴胞的生理活动密切相关，筛管死亡后，其伴胞将随之失去生理功能。伴胞为被子植物所特有，蕨类及裸子植物中则不存在。

3. 筛胞

筛胞是蕨类和裸子植物运输有机养料的组织。筛胞是单个的狭长细胞，直径较小，端壁偏斜，没有特化成筛板，只是在侧壁或有时在端壁上有一些凹入的小孔，称筛域，筛域输导养料的能力没有筛孔强。筛胞无伴胞，输导能力较弱。

植物组织培养

19 世纪 30 年代，德国植物学家施莱登和德国动物学家施旺创立了细胞学说，指出如果给细胞提供和生物体内一样的条件，每个细胞都应该能够独立生活。1902 年，德国植物学家哈伯兰特提出细胞全能性理论并进行植物组织培养。1958 年，一个振奋人心的消息从美国传向世界各地，美国植物学家斯蒂瓦特等人用胡萝卜韧皮部的细胞进行培养，终于得到了完整植株，并且能够开花结果，证实了哈伯兰特关于细胞全能的预言。现我国科学工作者已建立了红豆杉、三七、丹参、人参等几十种药用植物的液体培养系统。

第三节　维管束

一、维管束的组成

从蕨类植物到种子植物（裸子植物和被子植物）都有维管束。维管束是由木质部和韧皮部组成的束状复合组织，贯穿于植物体的各种器官内，彼此相连形成一个输导系统，同时对植物器官起着支持作用。木质部主要由导管、管胞、木薄壁细胞和木纤维组成，这部分质地较坚硬。韧皮部主要由筛管、伴胞、筛胞、韧皮薄壁细胞和韧皮纤维组成，这部分质地较柔韧。

蕨类植物和被子植物中的单子叶植物根及茎的维管束中没有形成层，不能继续分生生长，称有限维管束。裸子植物和被子植物中的双子叶植物根及茎的维管束，在韧皮部和木质部之间有形成层存在，能继续分生生长，称无限维管束。

二、维管束的类型

根据维管束中韧皮部与木质部排列方式的不同，以及形成层的有无，将维管束分为下

列几种类型。(图 2 – 24，图 2 – 25)

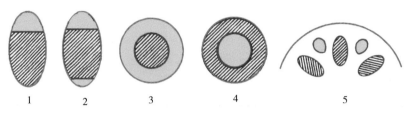

图 2 – 24　维管束类型简图

1. 外韧维管束　2. 双韧维管束　3. 周韧维管束　4. 周木维管束　5. 辐射维管束

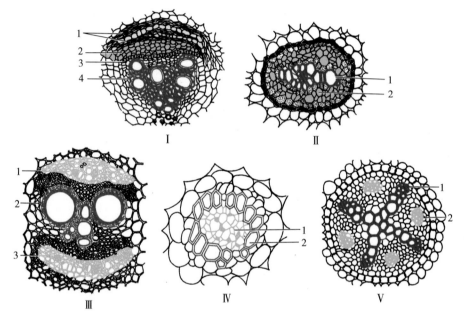

图 2 – 25　维管束类型详图

Ⅰ. 外韧维管束（马兜铃）：1. 压扁的韧皮部　2. 韧皮部　3. 形成层　4. 木质部

Ⅱ. 周韧维管束（真蕨的根茎）：1. 木质部　2. 韧皮部

Ⅲ. 双韧维管束（南瓜茎）：1、3. 韧皮部　2. 木质部

Ⅳ. 周木维管束（菖蒲根茎）：1. 韧皮部　2. 木质部

Ⅴ. 辐射维管束（毛茛的根）：1. 原生木质部导管　2. 韧皮部

1. 外韧维管束

韧皮部位于外侧，木质部位于内侧，两者之间有形成层，称为无限外韧维管束，如双子叶植物茎的维管束。两者之间没有形成层，称为有限外韧维管束，如单子叶植物茎的维管束。

2. 双韧维管束

在木质部内、外两侧都有韧皮部。常见于茄科、葫芦科、夹竹桃科、萝摩科、旋花科等植物茎中。

3. 周韧维管束

木质部位于中间，韧皮部围绕在木质部周围。常见于百合科、禾本科、棕榈科、蓼科及蕨类的某些植物中。

4. 周木维管束

韧皮部位于中间，木质部围绕在韧皮部周围。常见于少数单子叶植物的根状茎，如菖蒲、石菖蒲、铃兰等。

5. 辐射维管束

韧皮部与木质部相互间隔，呈辐射状排列成一圈。常见于单子叶植物根的构造及双子叶植物根的初生构造中。

第四节　根的显微结构

一、根尖的构造

根尖是指根的顶端到着生根毛的这一段，长 4 ~ 6mm。根据根尖细胞生长和分化的程度不同，将其分为四个部分。（图 2 - 26）

1. 根冠

根冠位于根尖的最先端，由薄壁细胞不规则排列成帽状结构，套在分生区的外方。根冠内层细胞不断分裂产生新的细胞，以补充外层因摩擦而被破坏的细胞。根冠保护分生区，也能分泌黏液湿润土壤，从而使根尖顺利穿越土壤。

2. 分生区

分生区位于根冠上方，呈圆锥状，长约 1mm。为顶端分生组织所在的部位，包括原分生组织和初生分生组织。原分生组织是生长点最先端的一群细胞，来源于种子的胚。原分生组织细胞分裂产生初生分生组织，初生分生组织是细胞分裂最旺盛的区域。分生区的细胞可持续进行分裂，增加细胞的数目。

3. 伸长区

伸长区位于分生区上方，到出现根毛为止，长

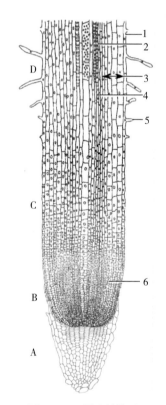

图 2 - 26　根尖的构造

A. 根冠　B. 分生区　C. 伸长区　D. 成熟区

1. 表皮　2. 导管　3. 皮层　4. 中柱鞘

5. 根毛　6. 顶端分生组织

2 ~ 5mm。这一区域的细胞逐渐停止分裂，开始迅速伸长。根的长度生长是分生区细胞分裂和伸长区细胞伸长的共同结果。

4. 成熟区

成熟区紧接在伸长区后，细胞停止生长，并分化形成各种初生构造。其主要特征是这一区域的表皮细胞外壁向外突出形成根毛，所以又称根毛区。根毛是根特有的结构，它的形成大大增加了根吸收水分的面积。

二、根的初生构造

分生区的初生分生组织分裂产生的细胞经过伸长生长后，逐渐分化为初生成熟组织，形成根的初生构造。通过根尖的成熟区做一横切面，可看到根的初生构造，从外到内分为表皮、皮层和维管柱三部分。（图2－27）

1. 表皮

表皮位于根的最外围，一般由一层表皮细胞组成。表皮细胞多为长方形，排列整齐紧密，无细胞间隙，细胞壁薄，非角质化，富有通透性，不具气孔。部分表皮细胞的外壁向外突起形成根毛，这是根初生构造的特征之一。这些特征与其他器官的表皮不同，而与根的吸收功能相适应，故有"吸收表皮"之称。

2. 皮层

皮层位于表皮的内方，在根的初生构造中占有较大的比例，由多层薄壁细胞组成，最外层为外皮层，最内层为内皮层，中间为皮层薄壁组织。

外皮层细胞较小，排列紧密。当表皮被破坏后，外皮层能代替表皮起保护作用。

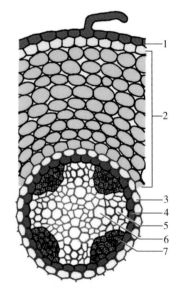

图2－27　双子叶植物根的初生构造

1. 表皮　2. 皮层　3. 内皮层　4. 中柱鞘
5. 原生木质部　6. 后生木质部　7. 初生韧皮部

内皮层排列紧密整齐无间隙，包围在维管柱外面。内皮层细胞的横向壁和径向壁上有一条带状木质化和栓质化增厚的结构，环绕成一圈，称凯氏带。在横切面上相邻两个内皮层细胞的径向壁上则呈现点状结构，称凯氏点。凯氏带是根初生构造的又一特征。凯氏带的存在，使得所有的水分和溶质只有经过内皮层的原生质体，才能进入维管柱。凯氏带将有害物质挡在了内皮层以外，显然对植物是有利的。（图2－28）

多数单子叶植物和少数双子叶植物根中，内皮层细胞的横向壁、径向壁和内切向壁五

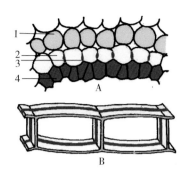

图 2 - 28　内皮层及凯氏带

A. 内皮层细胞横切面　B. 内皮层细胞

1. 皮层细胞　2. 内皮层　3. 凯氏带（点）　4. 中柱鞘

面增厚，这种增厚方式称马蹄形增厚。只有位于木质部束顶端的内皮层细胞壁未增厚，称为通道细胞，起着皮层与维管柱间物质内外流通的作用。

3. 维管柱

根的内皮层以内的所有组织构造统称为维管柱，也称中柱。包括中柱鞘、初生木质部和初生韧皮部三部分，有的植物还具有髓部。

（1）中柱鞘　是维管柱最外层，通常由一层薄壁细胞组成，少数二至多层。细胞排列整齐，分化程度较低，具有潜在的分生能力，在一定时期可以产生侧根、不定根、不定芽以及参与形成层和木栓形成层的形成。

（2）初生木质部和初生韧皮部　初生木质部和初生韧皮部各自成束，呈星角状相间排列，构成辐射型维管束，是根初生构造的又一特征。根的初生木质部的束数常因植物种类而异，如十字花科、伞形科的一些植物有 2 束，称二原型；毛茛科唐松草属植物有 3 束，称三原型；葫芦科、杨柳科的一些植物有 4 束，称四原型；束数很多的称多原型。一般双子叶植物束数少，多为二至六原型，而单子叶植物有 8 ~ 30 束，有的可达数百束之多。

初生木质部的导管由外向内逐渐发育成熟，称为外始式，有利于物质的迅速运输。先成熟的称原生木质部，其导管直径较小，多呈环纹或螺纹；后成熟的称后生木质部，其导管直径较大，多呈梯纹、网纹或孔纹。多数双子叶植物根的初生木质部分化成熟到维管柱的中央，因而没有髓；多数单子叶植物根的初生木质部未分化成熟到维管柱的中央，因而有发达的髓。被子植物的初生木质部由导管、管胞、木薄壁细胞和木纤维组成；裸子植物的初生木质部主要是管胞。

初生韧皮部的成熟方式也是外始式，先成熟的是原生韧皮部，后成熟的是后生韧皮部。被子植物的初生韧皮部一般有筛管、伴胞、韧皮薄壁细胞，偶有韧皮纤维；裸子植物的初生韧皮部主要是筛胞。

在初生木质部和初生韧皮部之间有一至多层薄壁细胞，在双子叶植物根中，这些细胞以后可以进一步转化为形成层的一部分，由此产生次生构造。

三、根的次生构造

根的初生构造形成以后，其侧生分生组织（次生分生组织）——形成层和木栓形成层的细胞分裂分化，使根增粗，这个过程称为次生生长，由此形成的构造称为次生构造。一年生双子叶植物和大多数单子叶植物的根，只有初生生长；多年生双子叶植物和裸子植物的根，则要进行次生生长，使根不断增粗。

1. 形成层的产生及其活动

当根进行次生生长时，在初生木质部和初生韧皮部之间的一些薄壁细胞恢复分裂功能，转变成为形成层片断，并逐渐向初生木质部外方的中柱鞘部位发展，使相连接的中柱鞘细胞也开始分化成为形成层的一部分，这样形成层就由片断连成一个凹凸相间的形成层环。（图2-29）

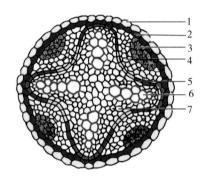

图2-29　形成层发生的过程

1. 内皮层　2. 中柱鞘　3. 初生韧皮部　4. 次生韧皮部
5. 形成层　6. 初生木质部　7. 次生木质部

形成层细胞不断进行平周分裂，向内产生新的木质部，加于初生木质部的外方，称为次生木质部，包括导管、管胞、木薄壁细胞和木纤维；向外产生新的韧皮部，加于初生韧皮部的内方，称为次生韧皮部，包括筛管、伴胞、韧皮薄壁细胞和韧皮纤维。由于位于韧皮部内方的形成层分生的木质部细胞多，分裂的速度快，于是使凹凸相间的形成层环逐渐成为圆环状。此时，木质部和韧皮部已由初生构造的间隔排列转变为内外排列。次生木质部和次生韧皮部合称为次生维管组织，是次生构造的主要部分。（图2-30）

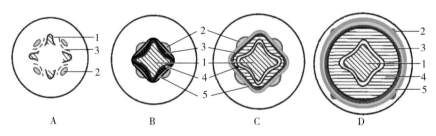

图2-30　根的次生生长图解

1. 初生木质部　2. 初生韧皮部　3. 形成层　4. 次生木质部　5. 次生韧皮部

形成层细胞活动时，在一定部位也分生一些薄壁细胞，这些薄壁细胞沿径向延长，呈辐射状排列，贯穿在次生维管组织中，称次生射线。位于木质部的称木射线，位于韧皮部的称韧皮射线，两者合称维管射线。这些射线具有横向运输水分和养料的机能。（图2－31）

在根的次生韧皮部中，常有各种分泌组织分布，如马兜铃根（青木香）有油细胞、人参有树脂道、当归有油室、蒲公英根有乳汁管。有的薄壁细胞（包括射线薄壁细胞）中常含有结晶体及贮藏多种营养物质，如糖类、生物碱等，多与药用有关。

2. 木栓形成层的产生及其活动

根不断加粗，外方的表皮及部分皮层遭到破坏。与此同时，根的中柱鞘细胞恢复分裂机能产生木栓形成层。木栓形成层向外分生木栓层，向内分生栓内层，三者合称周皮。周皮替代表皮起保护作用。

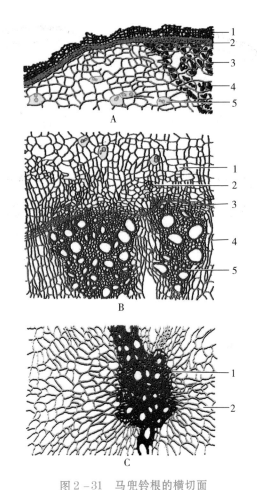

图2－31 马兜铃根的横切面

A：1. 木栓层 2. 木栓形成层 3. 皮层 4. 淀粉粒 5. 分泌细胞

B：1. 韧皮部 2. 筛管群 3. 形成层 4. 射线 5. 木质部

C：1. 木质部 2. 射线

随着根的增粗，到一定时候，木栓形成层便终止了活动，在其内方的薄壁细胞又能恢复分生能力产生新的木栓形成层，从而形成新的周皮。

植物学上的根皮是指周皮这部分，而药材中的根皮类药材，如香加皮、地骨皮、牡丹皮等，是指形成层以外的部分，主要包括韧皮部和周皮。

单子叶植物的根没有形成层，不能加粗；没有木栓形成层，不能形成周皮，而由表皮或外皮层行使保护机能。

四、根的异常构造

某些双子叶植物的根除了正常的次生构造外，还产生一些通常少见的结构类型，形成根的异常构造，也称三生构造。常见的有以下几种类型。（图2－32）

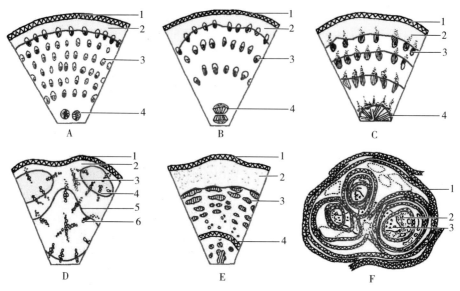

图 2-32　根的异常构造

A. 川牛膝、B. 牛膝、C. 商陆：1. 木栓层　2. 皮层　3. 异型维管束　4. 正常维管束

D. 何首乌：1. 木栓层　2. 皮层　3. 单独维管束　4. 复合维管束　5. 形成层　6. 木质部

E. 黄芩：1. 木栓层　2. 皮层　3. 木质部　4. 木栓细胞环

F. 甘松：1. 木栓层　2. 韧皮部　3. 木质部

1. 同心环状排列的异常维管束

根的正常维管束形成不久，形成层往往失去分生能力，而在相当于中柱鞘部位的薄壁细胞恢复分生能力，形成新的形成层，向外分裂产生大量薄壁细胞和一圈异型的无限外韧维管束，如此反复多次，形成多圈异型维管束，其间有薄壁细胞相隔，一圈套住一圈，呈同心环状排列。如商陆、牛膝、川牛膝的根。

2. 附加维管柱

当中央较大的正常维管束形成后，皮层中部分薄壁细胞恢复分生能力，形成多个新的形成层环，产生许多单独或复合的、大小不等的异型维管束，相对于原有的形成层环而言是异心的，形成异常构造。在横切面上可看到一些大小不等的圆圈状的云锦样花纹，药材鉴别上称其为"云锦花纹"，如何首乌的块根。

3. 木间木栓

正常的木栓组织位于根的最外，有的根在次生木质部内也形成木栓带，称为木间木栓。木间木栓通常由次生木质部薄壁细胞分化形成。如黄芩的老根中央可见木栓环，紫草根中央也有木栓环带，甘松根中的木间木栓环包围一部分韧皮部和木质部，而把维管柱分隔成 2~5 个束。

第五节　茎的显微结构

一、茎尖的构造

茎尖是茎的先端，分为分生区、伸长区和成熟区。但茎尖没有类似根冠的构造，而是由幼小的叶片包围着。在分生区四周能形成叶原基或腋芽原基的小突起，后发育成叶或腋芽，腋芽则发育成枝。成熟区的表皮不形成根毛，但常有气孔和毛茸。

二、双子叶植物茎的初生构造

通过茎尖的成熟区做一横切面，可看到茎的初生构造，从外到内分为表皮、皮层和维管柱三部分。

1. 表皮

茎的最外层，由一层扁平的长方形细胞组成，排列整齐紧密，无间隙。一般不含叶绿体，有的含花青素，使茎呈紫红色，如甘蔗、蓖麻等。表皮有气孔、毛茸，有的还有角质、蜡质。

2. 皮层

皮层位于表皮细胞的内侧，由多层薄壁细胞组成，细胞排列疏松，有间隙。茎的皮层没有根的皮层发达，靠近外层的细胞常含有叶绿体，所以嫩茎呈绿色，可以进行光合作用。皮层主要由薄壁组织构成，但在近表皮部分常有厚角组织，以加强茎的韧性。皮层最内一层细胞仍为一般的薄壁细胞，而不像根在形态上可以分辨出内皮层，故皮层与维管区域之间无明显分界。

3. 维管柱

维管柱是皮层以内的部分，包括呈环状排列的维管束、髓和髓射线。在横切面上观察，茎不同于根，茎的维管柱占的比例较大，而且无显著的内皮层，也不存在中柱鞘。（图2-33）

（1）维管束　双子叶植物茎的初生维管束包括初生韧皮部、初生木质部和束中形成层。

初生韧皮部位于维管束外方，由筛管、伴胞、韧皮薄壁细胞和韧皮纤维组成。初生木质部位于维管束内侧，由导管、管胞、木薄壁细胞和木纤维组成。束中形成层位于维管束中初生韧皮部和初生木质部之间，为原形成层遗留下来的1～2层具有潜在分生能力的细胞所组成，可使茎不断加粗。

（2）髓　茎的初生构造中，由薄壁组织构成的中心部分称为髓。草本植物茎的髓较

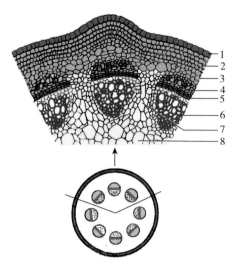

图 2-33　双子叶植物茎的初生构造（横切面）

1. 表皮　2. 厚角组织　3. 薄壁组织　4. 初生韧皮部

5. 束中形成层　6. 初生木质部　7. 髓射线　8. 髓

大，木本植物茎的髓一般较小。有些植物的髓局部破坏，形成一系列的片状髓，如金钟花、海州常山。有些植物的髓在发育过程中消失形成中空的茎，如连翘、白芷。

（3）髓射线　是位于初生维管束之间的薄壁组织，内通髓部，外达皮层，在横切面上呈放射状，具横向运输和贮藏作用。髓射线细胞具潜在分生能力，在次生生长开始时，能转变为形成层的一部分，即束间形成层。

三、双子叶植物茎的次生构造

双子叶植物茎初生构造形成以后，其侧生分生组织（次生分生组织）——形成层和木栓形成层的细胞分裂分化，使茎增粗，这个过程称为次生生长，由此形成的构造称为次生构造。

（一）双子叶植物木质茎的次生构造

木本植物生活周期长，在茎中形成层和木栓形成层活动能力强，能产生很多次生组织，尤其是周皮和木质部较为发达。（图 2-34）

1. 形成层的来源及活动

当茎进行次生生长时，与束中形成层邻接的髓射线细胞恢复分生能力，转变为束间形成层，并和束中形成层连接，此时形成层成为一个圆筒（横切面上成一个形成层圆环）。

形成层细胞包括纺锤状原始细胞和射线原始细胞，两者相间排列。纺锤状原始细胞切向分裂，向内产生次生木质部，向外产生次生韧皮部。射线原始细胞切向分裂，向内产生木射线，向外产生韧皮射线，二者合称维管射线，形成横向的联系组织。同时，形成层的细胞也进行径向或横向分裂，扩大自身圆周。

（1）次生木质部　由导管、管胞、木薄壁细胞、木纤维和木射线组成。导管、管胞、木薄壁细胞和木纤维，由纺锤状原始细胞衍生而来，是次生木质部中的纵向系统。木射线由射线原始细胞衍生而来，径向延长，常由多列细胞组成，壁木质化。

形成层的活动随着季节的更替而表现出有节奏的变化，因而产生细胞的数量、形状、壁的厚度出现显著的差异。温带的春季或热带的湿季，由于温度高、水分足，形成层活动旺盛，所形成的次生木质部中的细胞径大而壁薄；温带的夏末、秋初或热带的旱季，形成层活动逐渐减弱，形成的细胞径小而壁厚。前者在生长季节早期形成，称为早材，也称春材。后者在后期形成，称为晚材，也称秋材。从横切面上看，早材质地比较疏松，色泽稍淡；晚材质地致密，色泽较深。

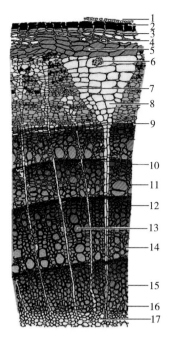

图2-34　双子叶植物茎（椴树）的次生构造

1. 枯萎的表皮　2. 木栓层　3. 木栓形成层　4. 厚角组织
5. 皮层薄壁细胞　6. 草酸钙结晶　7. 韧皮纤维
8. 髓射线　9. 形成层　10. 第三年晚材　11. 第三年早材
12. 第二年晚材　13. 导管　14. 第二年早材
15. 次生木质部　16. 初生木质部　17. 髓

在一个生长季节内，早材和晚材共同组成一轮显著的同心环层，一年形成一轮，习称年轮。但也有不少植物在一年内不止形成一个年轮，例如柑橘属植物的茎，一年中可产生3个年轮，这种在一个生长季内形成多个年轮的，称为假年轮。气候的异常、虫害的发生等原因也可形成假年轮。根据树干基部的年轮，可以推测树木的年龄。

在木材横切面上，靠近形成层的部分颜色较浅，质地较松软，称边材。边材具有输导能力。而茎的中心部分，颜色较深，质地较坚硬，称心材。心材是早期的木质部，其导管和管胞因得不到养料而失去输导能力，它们附近的薄壁细胞通过纹孔侵入胞腔内，膨大并沉积树脂、鞣质、油类等物质，阻塞导管或管胞腔，这些侵入导管和管胞的结构，称为侵填体。心材比较坚固且不易腐烂，常积累较多的活性成分，沉香、降香、檀香等中药材都是心材。

茎内部各种组织纵横交错，十分复杂。要充分了解茎的次生构造，须采用三种切面，即横切面、径向切面和切向切面，以进行比较观察。

（2）次生韧皮部　由筛管、伴胞、韧皮薄壁细胞、韧皮纤维和韧皮射线组成，有的还具有石细胞、乳汁管等。次生韧皮部形成时，初生韧皮部被挤压到外方，形成颓废组织（即筛管、伴胞及其他薄壁细胞被挤压破坏，细胞界线不清）。次生韧皮部的薄壁细胞中除含有糖类、油脂等营养物质外，有的还含有鞣质、橡胶、生物碱、苷类、挥发油等次生代谢产物，它们常有一定的药用价值。

2. 木栓形成层的来源及活动

随着茎的增粗，表皮被破坏，与此同时，表皮内侧薄壁细胞恢复分生能力，形成次生分生组织，即木栓形成层。木栓形成层向内、向外分裂，形成栓内层和木栓层，共同构成周皮，代替表皮行使保护作用。一般木栓形成层的活动只不过数月，大部分树木又可依次在其内方产生新的木栓形成层，形成新的周皮。这时老周皮剥落，称落皮层，也有的老周皮不脱落。

"树皮"有两种概念，狭义的树皮即落皮层，广义的树皮指形成层以外的所有组织，包括周皮和次生韧皮部。皮类药材如杜仲、厚朴的药用部分均指广义树皮。

（二）双子叶植物草质茎的次生构造

草质茎生活周期短，次生构造不发达，木质部的量较少，质地较柔软。其特点为：表皮终身起保护作用，一般不产生周皮，有的表皮内产生木栓形成层，形成少量木栓层，但表皮未被破坏仍存在。有的仅有束中形成层，没有束间形成层；有的不仅没有束间形成层，束中形成层也不明显。髓发达，有的中央破裂成空洞，髓射线一般较宽，如薄荷茎（图 2 – 35）。

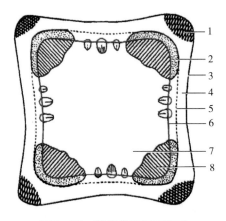

图 2 – 35　薄荷茎横切面简图

1. 厚角组织　2. 韧皮部　3. 表皮　4. 皮层　5. 内皮层　6. 形成层　7. 髓　8. 木质部

（三）双子叶植物根状茎的次生构造

一般是指草本双子叶植物根状茎，构造与地上茎类似，其特点为：表面通常具有木栓组织，少数具有表皮和鳞叶；皮层中常有根迹维管束和叶迹维管束斜向通过；皮层内侧有时具纤维或石细胞，有成环状排列的外韧维管束；贮藏薄壁细胞发达，机械组织不发达；中央有明显的髓部。如黄连的根状茎（图 2 - 36）。

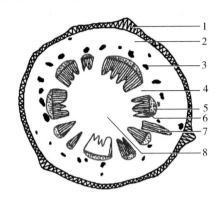

图 2 - 36 黄连根状茎横切面简图

1. 木栓层 2. 皮层 3. 石细胞群 4. 射线 5. 韧皮部 6. 木质部 7. 根迹 8. 髓

四、双子叶植物茎的异常构造

某些双子叶植物的茎和根状茎除了形成一般的正常构造外，常有部分薄壁细胞恢复分生能力，转化成新的形成层，进而产生多数异型维管束，形成异常构造。（图 2 - 37 ~ 图 2 - 39）

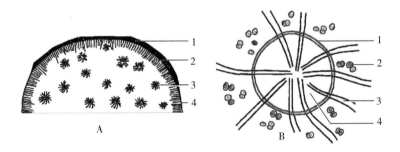

图 2 - 37 大黄根状茎横切面简图

A. 大黄横切面：1. 韧皮部 2. 木质部射线 3. 星点 4. 形成层

B. 星点简图（放大）：1. 形成层 2. 导管 3. 射线 4. 韧皮部

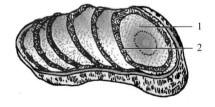

图 2 - 38 密花豆茎横切面

1. 木质部 2. 韧皮部

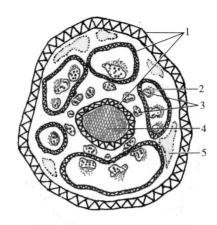

图 2 – 39　甘松根状茎横切面

1. 木栓层　2. 韧皮部　3. 木质部　4. 髓　5. 裂隙

1. 髓维管束

髓维管束是指位于髓中的维管束。例如，在大黄根状茎的髓部有许多星点状的周木型维管束，其形成层呈环状，外侧为由几个导管组成的木质部，内侧为韧皮部，射线呈星芒状排列，习称"星点"。

2. 同心环状排列的异常维管束

同心环状排列的异常维管束是指某些植物在正常次生生长至一定阶段后，次生维管柱的外围又形成多轮呈同心环状排列的异常维管束。例如，在密花豆的老茎（鸡血藤）的横切面上，可见韧皮部呈 2 ~ 8 个红棕色环带，与木质部相间排列，其中最内一圈为圆环，其余为同心半圆环。

3. 木间木栓

木栓层作为次生保护组织，通常位于茎的表面，但有些植物的木栓层出现在木质部中间，称为木间木栓。例如，甘松根状茎木质部中薄壁组织的细胞恢复分生能力，产生新的木栓形成层，发育成木栓带并呈一个个的环包围一部分韧皮部和木质部，把维管柱分隔成数束。

五、单子叶植物茎的构造

1. 单子叶植物地上茎的构造特点

与双子叶植物相比，两者主要区别是：单子叶植物茎终身只有初生构造，不能增粗，因此一般没有形成层和木栓形成层；茎的最外层由表皮构成，通常不产生周皮；茎的表皮以内为薄壁组织和星散分布的维管束，无皮层和髓及髓射线之分，维管束为有限外韧型。（图 2 – 40）

2. 单子叶植物根状茎的构造特点

茎的表面仍为表皮或木栓化细胞，少有周皮。皮层体积较大，常分布有叶迹维管束。内皮层大多数明显，具凯氏带，因而皮层和维管柱有明显分界。维管束多为有限外韧型，也有周木型，有的则兼有这两种，如石菖蒲。（图2–41）

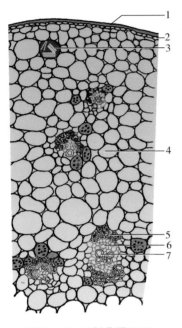

图2–40 石斛茎横切面

1. 角质层 2. 表皮 3. 针晶束 4. 薄壁细胞

5. 纤维束 6. 韧皮部 7. 木质部

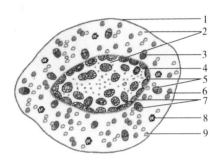

图2–41 石菖蒲根状茎横切面简图

1. 表皮 2. 薄壁细胞 3. 叶迹维管束 4. 内皮层

5. 木质部 6. 纤维束 7. 韧皮部

8. 草酸钙结晶 9. 油细胞

第六节 叶的显微结构

一、双子叶植物叶的构造

（一）叶柄的构造

叶柄的构造和茎相似，由表皮、皮层和维管组织三部分组成。叶柄的横切面通常呈半月形、圆形、三角形等。最外层为表皮，表皮内为皮层，皮层中近外方的部分往往有多层厚角或厚壁组织，内方为薄壁组织。维管束包埋在薄壁组织中，其数目和大小不定，常排列成弧形、环形或平列形。维管束的木质部在上方（腹面）、韧皮部在下方（背面），之间有形成层，但活动短暂。维管束外常有厚壁细胞包围，以增强支撑作用。

（二）叶片的构造

叶片通常有表皮、叶肉和叶脉三种基本结构。（图2－42）

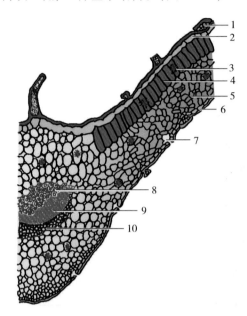

图2－42 薄荷叶的横切面详图

1. 腺鳞 2. 上表皮 3. 橙皮苷结晶 4. 栅栏组织 5. 海绵组织
6. 下表皮 7. 气孔 8. 木质部 9. 韧皮部 10. 厚角组织

1. 表皮

表皮包被着整个叶片，有上、下表皮之分。表皮通常由一层细胞组成，但也有多层细胞的，称为复表皮。除气孔的保卫细胞外，一般表皮细胞不含叶绿体。在平皮切面（与叶片表面成平行的切面）上，表皮细胞一般是形状规则或不规则的扁平细胞；在横切面上，表皮细胞的外形较规则，呈长方形，外壁较厚。表皮常具角质层，有的还有蜡被、毛茸等。

2. 叶肉

上、下表皮之间的薄壁组织是叶肉，其内富含叶绿体，是进行光合作用的主要场所。叶肉常分为栅栏组织和海绵组织两部分。

（1）栅栏组织 位于上表皮之下，由一层或数层排列紧密的长柱形细胞构成，细胞的长径与表皮垂直，横切面观形如栅栏，故称为栅栏组织。栅栏组织细胞内含大量叶绿体，光合作用效能较强，所以叶片上面（腹面）的颜色常较深。

（2）海绵组织 位于栅栏组织下方，与下表皮相连。细胞壁薄，近圆形或不规则形，细胞间隙大，排列疏松如海绵。细胞内含叶绿体一般较栅栏组织少，所以叶片下面颜色常较浅。

叶肉分化为栅栏组织和海绵组织的叶，称两面叶或异面叶；有的叶没有明显的栅栏组织和海绵组织的分化，称等面叶。有的叶在上、下表皮内侧均有栅栏组织，亦称为等面叶。有些植物叶肉组织中含有分泌腔，如桉树叶；有些含有各种单个分布的石细胞，如茶叶；还有的在薄壁细胞中含有结晶体，如曼陀罗叶中的砂晶。

3. 叶脉

叶脉由维管束和伴随的机械组织组合而成，中脉或大型叶脉有 1 至数根维管束，而小型叶脉只有 1 根维管束。维管束分布于叶肉中间，腹面为木质部，背面为韧皮部。在大型叶脉的木质部和韧皮部之间有形成层，能进行短暂的活动。叶脉终止于叶肉组织内，往往成为游离的脉梢，结构也异常简单，只有 1 ~ 2 个螺纹管胞。

二、单子叶植物叶的构造

单子叶植物的叶也具有表皮、叶肉和叶脉三种基本结构，但与双子叶植物有所不同。现以禾本科植物的叶为例加以说明。（图 2 – 43）

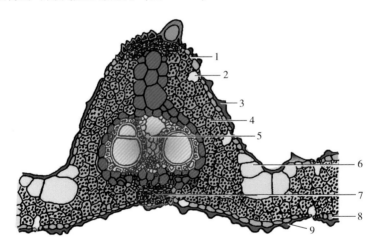

图 2 – 43　水稻叶片横切面详图

1. 上表皮　2. 气孔　3. 表皮毛　4. 薄壁细胞　5. 主脉维管束
6. 泡状细胞　7. 厚壁组织　8. 下表皮　9. 角质层

表皮细胞大小不等，成行排列，外壁角质化并含硅质。在上表皮有一些特殊的大型含水薄壁细胞，具有大液泡，称为泡状细胞。泡状细胞通常位于两个维管束之间的部位，横切面排列成扇形。在叶片过多失水时，泡状细胞发生萎蔫，叶片内卷成筒状以减少蒸腾；天气湿润、水分充足时，泡状细胞吸水膨胀，叶片平展，以利于充分接受阳光进行光合作用，故泡状细胞又称运动细胞。上、下表皮上都有气孔，数目基本相等，成纵行排列；与双子叶植物不同，保卫细胞呈哑铃形，保卫细胞两旁还有一对略呈三角形的副卫细胞围着。

叶肉组织一般不分化成栅栏组织和海绵组织，属等面叶。叶肉内的细胞间隙较小，在气孔的内方有较大的细胞间隙，即孔下室。

主脉粗大，维管束为有限外韧型，周围有 1～2 层细胞包围，形成维管束鞘。木质部导管呈倒 V 字形排列，其下方为韧皮部。叶脉的上、下表皮内侧均有厚壁纤维群。

思考题

1. 细胞壁的特化有几种？如何鉴定特化的细胞壁？如何识别细胞壁上的纹孔类型？

2. 细胞后含物有几种？如何检识？

3. 何谓组织？植物的组织分为哪几类？

4. 什么是分生组织？有哪些类型及特点？

5. 什么是气孔轴式？双子叶植物气孔的轴式有哪几种类型？

6. 在形态上如何区别纤维和石细胞？

7. 导管有哪些主要类型？怎样区别管胞和导管？

8. 什么是内分泌组织？有哪些主要类型？

9. 简述根初生构造的主要识别特征。

10. 根次生构造的主要识别特征是什么？

11. 试述双子叶植物木质茎次生构造的主要特征。

12. 试述单子叶植物茎初生构造的主要特征。

第 三 章

药用植物分类概述

【学习目标】

1. 理解植物分类系统的主要等级单位。

2. 理解植物命名的"双名法"。

3. 会使用植物分类检索表。

自然界有植物 50 多万种，如果不加以准确分类和统一命名，人们将很难认识和利用它们。植物分类就是把纷繁复杂的植物界分门别类一直鉴别到种，并按系统排列起来，以便于人们认识和利用植物。它的任务不仅要识别物种、鉴定名称，而且还要阐明物种之间的亲缘关系和分类系统，进而研究物种的起源、分布中心、演化过程和演化趋势。

一、植物分类的单位

植物分类上设立各种单位，是用来表示各种植物之间类似的程度、亲缘关系的远近，明确植物的系统。每个分类单位，也就是一个分类等级。把各个分类等级按照其高低和从属亲缘关系，顺序地排列起来，即将整个植物界的各种类别按其大同之点归为若干门，各门中就其不同点分别设若干纲，在纲下分目，目下分科，科再分属，属下分种。或者说将相似的植物个体归为同一种，相近的种归为一属，相近的属又归为科，如此相继归为目、纲、门。

植物分类系统的主要等级单位排列如下：

界（Kingdom 英文名，Regnum 拉丁名）

门（Division，Divisio）

纲（Class，Classis）

目（Order，Ordo）

科（Family，Familia）

属（Genus，Genus）

种（Species，Species）

在各级单位之间，有时因范围过大，不能完全包括其特征或系统关系，而有必要再增设一级时，在各级前加亚（sub）字，如亚门、亚纲、亚目、亚科、亚属、亚种。

种（Species）是生物分类的基本单位，是具有一定的自然分布区和一定的形态特征和生理特性的生物类群。同种植物的个体有共同的祖先，具有相同的遗传性状，同种个体之间能进行自然交配（传粉受精），产生正常的后代（能育的后代）。种是生物进化和自然选择的产物。

以黄连为例，分类等级如下：

界 ······ 植物界 Regnum vegetabile

门 ······ 被子植物门 Angiospermae

纲 ······ 双于叶植物纲 Dicotyledoneae

目 ······ 毛茛目 Ranales

科 ······ 毛茛科 Ranunculaceae

属 ······ 黄连属 *Coptis*

种 ······ 黄连 *Coptis chinensis* Franch.

二、植物的命名

世界上的植物种类繁多，各国的语言文字不同，因而植物的名称也就不同。不仅各国叫法不同，而且一国之内各地的叫法也不尽相同。同物异名、同名异物的混乱现象普遍存在，不利于相互交流，也给人类识别和利用植物资源带来困难。为此，国际植物学会议（International Botanical Congress，IBC）制定了《国际植物命名法规》（International Code of Botanical Nomenclature，ICBN），给每一个植物分类群制定各国可以统一使用的科学名称，即学名（scientific name）。每一种植物只有一个合法的正确学名。

《国际植物命名法规》规定，植物学名必须用拉丁文或其他文字加以拉丁化来书写。种的名称采用瑞典植物学家林奈（Carl Linnaeus）1753 年倡导的"双名法"。双名法规定，每种植物的名称由两个拉丁词组成，第一个词是"属名"，第二个词是"种加词"，种加词起着标志某一植物种的作用。为了对该植物种负责和便于考察，以及表彰纪念命名人，通常在学名后面还需附加命名人的姓名或姓氏缩写。

属名是学名的主体，是名词，用单数第一格，首字母大写。种加词是形容词或者是名词的第二格，全部字母小写。定名人的每个词的首字母大写，用缩写时，加"."。印刷体时，属名和种加词用斜体，定名人用正体。如：

人参 *Panax ginseng* C. A. Meyer

黄连 *Coptis chinensis* Franch.

罂粟 *Papaver somniferum* L.

上述植物种加词释义：*ginseng* 人参（音），*chinensis* 中国的，*somniferum* 催眠的。

三、植物界的分门

人们通过观察，将整个植物界的各种类别按其大同之点归为若干门，将具有共同特征的门又归成更大的类群，如藻类植物、菌类植物等。通常将植物界分成下列 16 门和若干类群（表 3 – 1）。

表 3 – 1　植物界分门别类

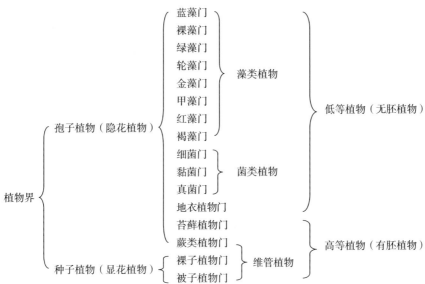

藻类、菌类、地衣类、苔藓植物、蕨类植物用孢子进行繁殖，所以称为孢子植物，由于不开花、不结果，所以又叫隐花植物。而裸子植物和被子植物是用种子进行繁殖，所以叫种子植物；由于开花，所以又称为显花植物。藻类、菌类、地衣类的植物体在形态上没有根、茎、叶的分化，构造上一般无组织分化，生殖器官是单细胞，合子发育时离开母体，不形成胚，称为低等植物或无胚植物；自苔藓植物门开始，包括苔藓植物门、蕨类植物门、裸子植物门和被子植物门的植物在形态上有根、茎、叶的分化，构造上有组织分化，生殖器官是多细胞，合子在母体内发育成胚，称为高等植物或有胚植物。从蕨类植物门开始，包括蕨类植物门、裸子植物门和被子植物门，植物体内有维管系统，故又称为维管植物。

四、植物分类检索表的编制和应用

植物分类检索表是鉴定植物种类的有效工具，它根据二歧归类法的原则编制，即根据植物形态特征（以花和果实的特征为主）进行比较，抓住重要的相同点和不同点对比排列而成。应用检索表鉴定植物时，首先要搞清楚被鉴定植物的各部分特征，尤其是花的构造要仔细地解剖和观察，然后用分门、分纲、分目、分科、分属、分种检索表依次进行检索，直到正确鉴定出来为止。

常见的检索表有分门、分科、分属和分种检索表，某些植物种类较多的科，在科以下还有分亚科和分族检索表，如豆科、菊科。

检索表的编排形式有定距式、平行式和连续平行式三种，现以植物的分类为例，介绍定距式和平行式两种检索表。

（一）定距检索表

将相对立的特征编为同样的号码，分开间隔在一定距离处，依次进行检索，直到查出所要鉴定的对象为止。每低一项向右缩一字。

1. 植物体无根、茎、叶的分化，没有胚胎（低等植物）
  2. 植物体不为藻类和菌类所组成的共生体。
    3. 植物体内有叶绿素或其他光合色素，为自养生活方式 ……………… 藻类植物
    3. 植物体内无叶绿素或其他光合色素，为异养生活方式 ……………… 菌类植物
  2. 植物体为藻类和菌类所组成的共生体 ……………………………… 地衣植物
1. 植物体有根、茎、叶的分化，有胚胎（高等植物）
  4. 植物体有茎、叶而无真根 ………………………………………… 苔藓植物
  4. 植物体有茎、叶也有真根。
    5. 不产生种子，用孢子繁殖 ………………………………………… 蕨类植物
    5. 产生种子，用种子繁殖 …………………………………………… 种子植物

（二）平行检索表

将相对立的特征编为同样的号码紧接并列，项号改变但不退格，而每一项之后还注明下一项依次查阅的号码或所需要鉴定的对象。

1. 植物体无根、茎、叶的分化，没有胚胎（低等植物） ………………………… 2.
1. 植物体有根、茎、叶的分化，有胚胎（高等植物） …………………………… 4.
2. 植物体为藻类和菌类所组成的共生体 ………………………………… 地衣植物
2. 植物体不为藻类和菌类所组成的共生体 …………………………………… 3.
3. 植物体内有叶绿素或其他光合色素，为自养生活方式 ………………… 藻类植物
3. 植物体内无叶绿素或其他光合色素，为异养生活方式 ………………… 菌类植物

4. 植物体有茎、叶而无真根 ……………………………………………… 苔藓植物

4. 植物体有茎、叶也有真根 ……………………………………………… 5.

5. 不产生种子，用孢子繁殖 ……………………………………………… 蕨类植物

5. 产生种子，用种子繁殖 ………………………………………………… 种子植物

思考题

1. 植物分类的等级主要有哪些？

2. 什么是双名法？双名法在书写上有什么要求？

林奈：给大自然和博物学带来秩序

卡尔·林奈（Carl Linnaeus，1707—1778），瑞典博物学家，近代生物分类学的奠基人。1735 年，他的《自然系统》为植物、动物和矿物设计了一个人为的分类体系；1753 年，他在《植物种志》中系统地表达双名法的命名规则，对植物进行统一命名。

林奈把前人的全部动植物知识系统化，建立了人为分类体系和双名制命名法，而且鉴定并命名了数以万计的动、植物物种，结束了动、植物分类、命名的混乱局面，给自然世界及博物学研究带来新秩序。

第 四 章

药用孢子植物

【学习目标】

  1. 能辨识藻类、菌类、地衣、苔藓和蕨类植物的基本特征。

  2. 能识别主要的药用藻类、菌类、地衣、苔藓和蕨类植物。

孢子是无性生殖的生殖细胞，孢子不需要两两结合就可以单个细胞发育成一个新个体。能够产生孢子的植物称为孢子植物，包括藻类、菌类、地衣、苔藓和蕨类植物。孢子植物不开花，不结果，又称隐花植物。

第一节　藻类植物

藻类植物（Algae）是一类结构简单，没有根、茎、叶分化，具有光合色素，能进行自养生活的原始低等植物。藻体为单细胞或多细胞的丝状、叶状、树枝状等，小的只有几微米，大的长达百米，如生长在太平洋中的巨藻。由于所含色素不同，各种藻体呈现不同的颜色。

藻类植物约有 3 万种，我国已知有药用价值的藻类 115 种。藻类广布世界各地，大多生活于水中，少数生活于潮湿的土壤、树皮、岩石或花盆壁上。

【药用植物】

海带 *Laminaria japonica* Aresch. 为多年生大型褐藻，长可达 6m。藻体分为根状的固着器、带柄和叶状带片三部分。带片革质，深橄榄绿色，干后呈黑褐色。柄支持着带片，下端以分枝的固着器附着于岩石或其他牢固物上。我国辽东半岛和山东半岛沿海有自然生长的海带，现自北向南大部分沿海均有种植。昆布 *Ecklonia kurome* Okam. 藻体深褐色，革质，分为固着器、带柄和带片三部分。固着器分枝状，柄圆柱形，上部叶状带片扁平，不规则羽状分裂，表面略有皱褶，边缘有粗锯齿。分布于辽宁、浙江、福建、台湾海域。以上两种褐藻的藻体（昆布）能消痰软坚散结，利水消肿。（图4-1）

图4-1 藻类植物

1. 海带 2. 昆布 3. 羊栖菜 4. 海蒿子

海蒿子 *Sargassum pallidum* （Turn.）C. Ag. 即大叶海藻，主干分支呈树枝状，小枝上的叶状片形态变异很大，分布于黄海、渤海沿岸。羊栖菜 *S. fusiforme* （Harv.）Setch. 即小叶海藻，主干圆柱形，叶状突起多呈棍棒形，分布于辽宁至海南沿海。以上两种褐藻的藻体（海藻）能消痰软坚散结，利水消肿。（图4-1）

第二节　菌类植物

菌类植物（Fungi）没有根、茎、叶的分化，一般无光合色素，营养方式为异养，包括寄生、腐生和共生。菌类在地球的各个角落几乎都有分布，在空气中、土壤中、水中、生物体内外都有它们的踪迹。菌类在分类学上常分为细菌门、黏菌门和真菌门。本节只介绍与药用关系较为密切的真菌。

植物的营养方式

植物的营养方式分为自养和异养两种。植物通过光合作用制造有机物来维持生活的营养方式，称为自养；某些植物不含光合色素，必须摄取现成的有机物来维持生活的营养方式，称为异养。异养包括寄生、腐生和共生。凡是从活的动植物吸取养分的称寄生；凡是从死的动植物或无生命的有机物中吸取养分的称腐生；凡是从活的动植物体上吸取养分，同时又为该活体提供有利的生活条件，从而彼此间互相受益、互相依赖的称共生。

真菌的细胞有细胞壁、细胞核，不含光合色素，也没有质体，是一种典型的真核异养性植物。除少数种类为单细胞外，绝大多数真菌是由多细胞菌丝构成的。组成一个菌体的全部菌丝称为菌丝体。在正常生长时期，菌丝体是疏松的。但在环境条件不良或繁殖的时候，菌丝相互紧密交织在一起，形成各种不同的菌丝组织体。例如：①有的真菌的菌丝组成坚硬的核状体，称为菌核，小者如米粒（麦角），大者如篮球（茯苓）；②有的真菌在生殖时期形成有一定结构和形状、能产生孢子的菌丝体，称为子实体，如蘑菇的子实体呈伞状，马勃的子实体呈球形；③有的真菌首先形成容纳子实体的褥座，称为子座，子座形成后，在子座上面形成子实体，如冬虫夏草从虫尸上长出的棒状物即为子座。

真菌门是植物界很大的一个类群，通常认为有 12 万～15 万种。我国约有 4 万种，可供药用的约 300 种。

【药用植物】

冬虫夏草菌 *Cordyceps sinensis*（Berk.）Sacc. 是寄生于蝙蝠蛾科昆虫幼虫上的子囊菌。这种真菌夏秋侵入幼虫体内，染菌幼虫钻入土中越冬，菌在虫体内充分利用虫体营养繁衍菌丝，以至充满整个体腔，虫体内部组织被破坏，仅残留外皮，最后虫体内的菌丝体变成菌核。翌年入夏，菌核从幼虫头部脱裂线处长出棒状子座，钻出土外。子座棕褐色，上端膨大，形成子囊，产生子囊孢子。孢子成熟后散出，又继续侵染健虫。冬虫夏草菌主要分布于四川、云南、甘肃、青海、西藏等省区，多生长在海拔 3000m 以上的高山草甸上。子座和幼虫尸体的复合体（冬虫夏草）能补肾益肺，止血化痰。（图 4－2）

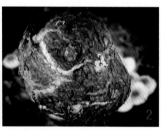

图 4－2　菌类植物

1. 冬虫夏草菌　2. 茯苓　3. 赤芝与紫芝

茯苓 *Poria cocos*（Schw.）Wolf 属多孔菌科。菌核近球形、长椭圆形或不规则块状，鲜时柔软，干后坚硬；表面粗糙，具皱纹或瘤状皱缩，灰棕色或黑褐色；内部白色或略带粉红色，颗粒状。子实体无柄，平伏于菌核表面，呈蜂窝状，白色。寄生于松属植物（如赤松、马尾松、黄山松、云南松等）的根上，全国大部分地区均有分布，多栽培。菌核（茯苓）能利水渗湿，健脾宁心。（图4-2）

赤芝 *Ganodelma lucidum* （Leyss. ex Fr.）Karst. 属多孔菌科。子实体木栓质，菌盖半圆形或肾形，初生为黄色后渐变成红褐色，外表有漆样光泽，具环状棱纹和辐射状皱纹。菌盖下面白色或淡褐色，有许多小孔。菌柄生于菌盖的侧方。孢子卵形，褐色，内壁有无数小疣。寄生于栎树及其他阔叶树木桩上，我国许多省区有分布，多栽培。紫芝 *G. sinense* Zhao, Xu et Zhang 菌盖多呈紫黑色至近褐黑色，菌肉呈均匀的褐色、深褐色至栗褐色，孢子顶端脐突形，内壁突出的小刺明显，孢子较大。以上两种的子实体（灵芝）能补气安神，止咳平喘。（图4-2）

常见的药用真菌还有：猪苓 *Polyporus umbellatus* （Pers.）Fr. 菌核（猪苓）能利水渗湿。雷丸 *Omphalia lapidescens* Schroet. 菌核（雷丸）能杀虫消积。脱皮马勃 *Lasiosphaera fenzlii* Reich. 、大马勃 *Calvatia gigantea* （Batsch）Lloyd 和紫色马勃 *C. lilacina* （Mont. et Berk.）Henn. 的子实体（马勃）能清肺利咽，止血。

第三节　地衣植物门

地衣（Lichens）是由真菌和藻类组成的共生复合体。在这个复合体中，主导部分是真菌，菌丝缠绕藻细胞，并从外面包围藻类，使藻类与外界隔绝。藻类是自养植物，真菌是异养植物。藻类光合作用制造的养料供给整个植物体，而菌类则吸收水、无机盐和二氧化碳，为藻类的光合作用提供原料，它们之间是共生。

根据形态，地衣可分为三种类型。（图4-3）

图4-3　地衣的类型

1. 壳状地衣　2. 叶状地衣（石耳）　3. 枝状地衣（松萝）　4. 枝状地衣（长松萝）

（1）壳状地衣　地衣体为呈各种颜色的壳状物，菌丝紧密附着于树干或石壁，很难剥离。例如网衣、文字衣、茶渍衣等。

（2）叶状地衣 地衣体扁平叶片状，有背、腹性，以假根或脐固着在基物上，易剥离。例如石耳、梅衣等。

（3）枝状地衣 地衣体直立，呈树枝状、柱状、丝状，仅基部附着在基质上。例如松萝、雪茶等。

全世界地衣植物约有 500 属，26000 种。地衣的耐旱性和耐寒性很强，干旱时休眠，雨后即恢复生长。它们分布极为广泛，可以生长在瘠薄的峭壁、岩石、树皮或荒漠上。

地衣对土壤形成的作用

地衣为自然界的先锋植物。生长在峭壁和裸石上的地衣能分泌地衣酸，腐蚀和溶解岩石，促进岩石风化和土壤形成；地衣死亡之后的遗体经过腐化并和被它分解的岩石颗粒混合在一起，逐渐形成土壤，其他植物就可随之生长，因此地衣在土壤的形成过程中起到很大的作用。

【药用植物】

松萝 *Usnca diffracta* Vain. 植物体丝状，长 15～30cm，二叉分枝，下垂，基部较粗而分枝少，先端分枝多。表面灰黄绿色，具光泽，有明显的白色环状裂沟。横断面中央有韧性丝状的中轴，具弹性，可拉长，由菌丝组成，易与皮部剥离。其外为菌环，常由环状沟纹分离或成短筒状。分布在全国大部分省区，生于深山老林树干或岩壁上。长松萝 *Usnca longissima* Ach. 全株细长不分枝，主轴明显，长可达 1.2m；两侧密生细而短的侧枝，形似蜈蚣。二者全草（松萝）能止咳平喘，活血通络，清热解毒。（图 4-3）

常见的药用地衣还有：雪茶 *Thamnoia vermicularis*（Sw.）Ach. ex Schaer. 全草能清热生津，清心除烦。石耳 *Umbilicaria esculenta*（Miyoshi）Minks. 全草清热解毒，止咳化痰，利尿。

第四节　苔藓植物门

苔藓（Bryophyte）是结构最简单的高等植物，植物体为扁平叶状体（苔）或具茎、叶的分化（藓），无真根，靠表皮突起的单细胞或多细胞形成的丝状物（假根）吸收和固着。植物体内无维管束，不可能长高。叶多数是由一层细胞组成，既能进行光合作用，又能直接吸收水分和养料。

根据营养体的形态构造，传统上将苔藓植物分为苔纲和藓纲。苔藓植物约有 40000

种，遍布于世界各地，多生于阴湿多水的地方，沙漠与海水中无，是植物从水生到陆生过渡形式的代表。我国约有 2800 种，已知药用 50 余种。

【药用植物】

地钱 *Marchantia polymorpha* L. 植物体呈扁平二叉分枝的叶状体，匍匐生长，生长点在二叉分枝的凹陷中。叶状体分为背、腹两面，在背面可见表皮上有气室和气孔，腹面具紫色鳞片和假根。分布于全国各地，生于阴湿土壤和岩石上。叶状体能清热解毒，祛腐生肌。（图 4 - 4）

图 4 - 4 苔藓植物

1. 地钱 2. 葫芦藓

葫芦藓 *Funaria hygrometrica* Hedw. 植物体高约 2cm，直立，茎短小，植株基部有假根。叶丛生于茎的中上部，长舌状叶片有一条中肋支撑。分布于南北各省区，生于阴湿的墙脚、林下或树干上。全草能除湿，止血。（图 4 - 4）

 知 识 链 接

苔花如米小，也学牡丹开

清代诗人袁枚在《苔》中咏道：白日不到处，青春恰自来；苔花如米小，也学牡丹开。诗人以物明志，讴歌自强不息的精神。

诗中的"苔"，指的是生长于阴湿处的苔藓。苔藓属孢子植物，不开花、不结果，为隐花植物。那么，诗中的"苔花"又从何而来呢？原来，葫芦藓之类的青苔，其枝顶的叶形较大，密生呈花朵状，如米粒大小，称为雄器苞，能产生精子。诗中的"苔花"实际是雄器苞，并不是真正意义上的花。

第五节　蕨类植物门

蕨类植物（Pteridophyta）具有较为原始的维管束，属于维管植物；有根茎叶的分化，属于高等植物。其主要特征如下：

1. 孢子体

蕨类植物孢子体发达，通常有根、茎、叶的分化，多为多年生草本，仅少数为一年生。

（1）根　通常为不定根，形成须根状，吸收能力较强。

（2）茎　大多数为根状茎，匍匐生长或横走；少数具地上茎，直立成乔木状，如桫椤。茎上通常被有鳞片或毛茸，具保护作用。鳞片膜质，有各种形状，鳞片上常有粗或细的筛孔。毛茸有单细胞毛、腺毛、节状毛、星状毛等。

（3）叶　多从根状茎长出，有簇生、近生或远生的，幼时大多数呈拳曲状，是原始的性状。根据叶的起源和形态特征，可分为小型叶与大型叶两种。小型叶没有叶隙和叶柄，仅具1条不分枝的叶脉，如石松科、卷柏科、木贼科等植物的叶。大型叶具叶柄，有或无叶隙，有多分枝的叶脉，是进化类型的叶，如真蕨类植物的叶；大型叶有单叶和复叶两类。

蕨类植物的叶根据功能又可分成孢子叶和营养叶两种。孢子叶是指能产生孢子囊和孢子的叶，又叫能育叶；营养叶仅能进行光合作用，不能产生孢子囊和孢子，又叫不育叶。有些蕨类植物的孢子叶和营养叶不分，既能进行光合作用，制造有机物，又能产生孢子囊和孢子，叶的形状也相同，称为同型叶，如常见的贯众、鳞毛蕨、石韦等；也有孢子叶和营养叶形状完全不同的，称异型叶，如荚果蕨、槲蕨、紫萁等。

（4）孢子囊　在小型叶蕨类中，孢子囊单生在孢子叶的近轴面叶腋或叶的基部，孢子叶通常集生在枝的顶端，形成球状或穗状，称孢子叶穗或孢子叶球，如石松、木贼等。较进化的真蕨类，孢子囊常生在孢子叶的背面、边缘或集生在一个特化的孢子叶上，往往由多数孢子囊聚集成群，称孢子囊群或孢子囊堆。孢子囊群有圆形、长圆形、肾形、线形等形状。孢子囊群常有膜质盖，称囊群盖。

（5）孢子　孢子的形状常为两面型、四面型或球状四面型，外壁光滑或有脊及刺状突起。多数蕨类植物产生的孢子在形态大小上是相同的，称为孢子同型；少数蕨类如卷柏科和水生真蕨类的孢子大小不同，即有大孢子和小孢子的区别，称为孢子异型。产生大孢子的囊状结构叫大孢子囊，产生小孢子的叫小孢子囊，大孢子萌发后形成雌配子体，小孢子萌发后形成雄配子体。

2. 配子体

孢子成熟后散落在适宜的环境中即萌发成小型、结构简单、生活期短的、呈各种形状的绿色叶状体，称为原叶体，这就是蕨类植物的配子体。配子体多生于潮湿的地方，具背腹性，能独立生活。当配子体成熟时大多数在同一配子体的腹面产生有性生殖器官，即球形的精子器和瓶状的颈卵器。精子器内生有鞭毛的精子，颈卵器内有一个卵细胞，精卵成熟后，精子由精子器逸出，借水为媒介进入颈卵器内与卵结合，受精卵发育成胚，由胚发育成能独立生活的孢子体，这就是我们通常看到的绿色蕨类植物。

3. 生活史

蕨类植物具有明显的世代交替，从单倍体的孢子开始，到配子体上产生出精子和卵，这一阶段为单倍体的配子体世代（亦称有性世代）。从受精卵开始，到孢子体上产生的孢子囊中孢子母细胞在减数分裂之前，这一阶段为二倍体的孢子体世代（亦称无性世代）。这两个世代有规律地交替完成其生活史。蕨类和苔藓植物生活史最大的不同有两点：一是孢子体和配子体都能独立生活；二是孢子体发达，配子体弱小，生活史中孢子体占优势，为异型世代交替。（图 4 −5）

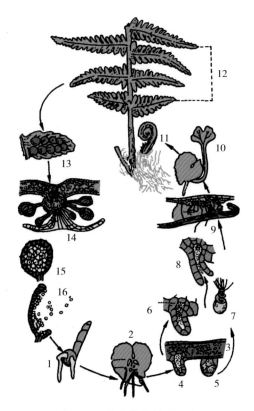

图 4 −5　蕨类植物的生活史

1. 孢子萌发　2. 配子体（原叶体）　3. 配子体切面　4. 颈卵器　5. 精子器　6. 雌配子（卵）

7. 雄配子（精子）　8. 受精作用　9. 合子发育成幼孢子体　10. 新孢子体　11. 孢子体

12. 蕨叶一部分　13. 蕨叶上孢子囊群　14. 孢子囊群切面　15. 孢子囊　16. 孢子囊开裂及孢子散出

蕨类植物大都为土生、石生或附生，少数是水生或亚水生的，适于在林下、山野、沟谷、溪边、沼泽地等较阴湿的地方生长，常为森林中草本层的重要组成部分。

我国有2600余种，多数分布在西南地区和长江流域以南各省。已知药用的有39科300余种。

蕨类植物与煤

蕨类植物曾在地球的历史上盛极一时，到了距今2亿多年前的二叠纪末，大量的蕨类植物因不适应自然环境的变化而绝灭。蕨类植物大繁盛的时期虽然过去，但那个时期生存过的蕨类植物却给我们带来了不可多得的宝贵能源财富——煤。

从石炭纪到二叠纪，这些蕨类植物的遗体大量堆积，被掩埋在湖泊沼泽里，经过炭化变质，久而久之，形成了大范围的巨厚煤层。现在所知，地球历史上有过三次主要的造煤时期。石炭、二叠纪时期为第一次造煤时期，其他两次是在侏罗纪和古近纪。在石炭、二叠纪造煤时期，地球上几乎各处都有煤生成，整个欧洲、非洲北部、北美洲北部和亚洲西部的煤矿，差不多都是这个时期形成的。而中国的河北、山东、安徽等地的煤矿，也是这个石炭、二叠纪蕨类植物造煤时期的产物。

【药用植物】

石松 *Lycopodium japonicum* Thunb. 为石松科多年生常绿草本植物。其匍匐茎蔓生，直立茎高30cm左右，为二叉分枝。叶为小型叶，多为针状，叶的基部膨大。孢子枝高出营养枝。孢子叶聚生枝顶，形成孢子叶穗。生于林下阴坡的酸性土壤中。全草（伸筋草）能祛风除湿，舒筋活络。（图4-6）

卷柏 *Selaginella tamariscina*（Beauv.）Spring 为卷柏科多年生草本植物。高5~18cm，干燥时枝叶向顶上卷缩。主茎短，着生多数须根，上部分枝多而丛生。叶鳞片状，有中叶与侧叶之分，覆瓦状排成4列。孢子叶穗顶生，四棱形。分布于华东、中南、西南各地，生于向阳山地或岩石上。垫状卷柏 *Selaginella pulvinata*（Hook. et Grev.）Maxim. 似卷柏，但腹叶并行，指向上方，肉质，全缘。二者的全草（卷柏）能活血通经。（图4-7）

图4-6 石松（葛菲提供）

图4-7 卷柏（许佳明提供）

紫萁 *Osmunda japonica* Thunb. 为紫萁科多年生草本植物。根状茎短块状，有残存叶柄，无鳞片。叶丛生，二型，幼时密被绒毛，营养叶三角状阔卵形，顶部以下二回羽状，小羽片披针形至三角状披针形，叶脉叉状分离，孢子叶小羽片狭窄，卷缩成线形，沿主脉两侧密生孢子囊，成熟后枯死。分布于秦岭以南温带及亚热带地区，生于山坡林下、溪边、路旁等酸性土壤中。根茎和叶柄残基（紫萁贯众）能清热解毒，止血，杀虫。（图4-8）

粗茎鳞毛蕨 *Dryopteris crassirhizoma* Nakai 为鳞毛蕨科多年生草本植物。根状茎直立粗壮，叶簇生，叶柄、叶轴连同根茎密生棕色大型鳞片，叶片二回羽裂，裂片紧密。侧脉羽状分叉，孢子囊群着生叶片背面上部1/3至1/2处。囊群盖肾圆形，棕色。分布于东北、河北东北部，生于林下湿地。根茎和叶柄残基（绵马贯众）能清热解毒，驱虫。（图4-9）

图4-8 紫萁（葛菲提供）

图4-9 粗茎鳞毛蕨（许亮提供）

海金沙 *Lygodium japonicum*（Thunb.）Sw. 为海金沙科多年生缠绕草质藤本植物。根茎横走，被细柔毛。叶二型，能育羽片卵状三角形，不育羽片尖三角形，2~3回羽状，小羽片2~3对。孢子囊穗生于能育羽片的背面边缘，流苏状排列，孢子表面有疣状突起。分布于长江流域及南方各省，生于山坡林边、灌木丛、草地中。孢子（海金沙）能清利湿热，通淋止痛。（图4-10）

金毛狗脊 *Cibotium barometz*（L.）J. Sm. 为蚌壳蕨科多年生树状草本植物，高达2~3m。根状茎粗大，顶端连同叶柄基部密被金黄色长柔毛，状同金毛狗。叶簇生，叶柄长，叶片三回羽状分裂，革质。侧脉单一或二叉分枝。孢子囊群生小脉顶端，每裂片1~5对，囊群盖两瓣，成熟时形似蚌壳。分布于我国南方各省，生于山脚沟边林下的酸性土壤。根茎（狗脊）能驱风湿，补肝肾，强腰膝。（图4-11）

图4-10 海金沙

图4-11 金毛狗脊

石韦 *Pyrrosia lingua*（Thunb.）Farwell 为水龙骨科多年生草本植物。根状茎细长，横走，密被深褐色披针形的鳞片。叶披针形，先端渐尖，基部耳状偏斜，下面密被灰棕色星状毛，叶柄基部有关节，革质，主脉明显。分布于长江以南各省，附生于树干或岩石上。庐山石韦 *P. sheareri*（Baker）Ching 叶片阔披针形，叶基不对称。有柄石韦 *P. petiolosa*（Christ）Ching 叶片长圆形或卵状长圆形，基部楔形，对称。三者的叶（石韦）能利尿通淋，清肺止咳，凉血止血。（图4-12）

槲蕨 *Drynaria fortunei*（Kunze）J. Sm. 为水龙骨科多年生草本植物。根状茎肉质横走，密生钻状披针形鳞片，边缘流苏状。叶二型，营养叶厚革质，棕黄色，卵形，无柄，边缘羽状浅裂，似槲树叶；孢子叶绿色，具短柄，有狭翅，叶片矩圆形或长椭圆形，羽状深裂，裂片7~13对。孢子囊群圆形，黄褐色，在主脉两侧各排列成2~3行。无囊群盖。分布于中南、西南地区及福建、台湾等地，附生于岩石或树上。根茎（骨碎补）能疗伤止

痛，补肾强骨；外用消风祛斑。（图 4-13）

图 4-12　石韦（葛菲提供）

图 4-13　槲蕨（杨成梓提供）

思考题

1. 藻类植物的基本特征有哪些？藻类植物为什么呈不同的颜色？

2. 药材昆布的原植物有哪些？其形态各有什么特征？

3. 真菌有哪些基本特征？

4. 冬虫夏草是怎样形成的？主产于哪些地方？

5. 简述茯苓的识别特征？

6. 地衣的形态特征是什么？分为哪几种类型？

7. 苔藓植物的基本特征有哪些？

8. 蕨类植物有哪些主要特征？

9. 蕨类植物的叶根据起源和形态特征以及功能的不同可分为不同的类型，如何划分？

10. 简述卷柏、紫萁、海金沙、金毛狗脊、槲蕨的主要形态特征。

第五章
药用裸子植物

【学习目标】

1. 能辨识裸子植物门的基本特征。
2. 能辨识松科、柏科、麻黄科的主要特征。
3. 能识别主要的药用裸子植物。

第一节 概 述

裸子植物的心皮不包卷成密闭的子房,胚珠裸露,不形成果实,发育成的种子没有果皮包被,故称裸子植物(Gymnosperm)。其主要特征如下:

1. 植物体(孢子体)发达

多为乔木、灌木,极少为亚灌木(如麻黄)或木质藤本(如买麻藤),无草本;多为常绿植物,极少为落叶性(如银杏、金钱松)。叶多针形、条形或鳞形,极少为扁平的阔叶。叶在长枝上螺旋状排列,在短枝上簇生枝顶。茎内维管束呈环状排列,有形成层和次生生长,木质部有管胞而稀具导管(如麻黄科、买麻藤科),韧皮部有筛胞而无筛管及伴胞。

2. 配子体极度退化

雄配子体为萌发后的花粉粒,雌配子体由胚囊和胚乳组成。配子体退化寄生在孢子体上。

3. 具颈卵器构造

大多数裸子植物具颈卵器,但其结构简单,产生于近珠孔端,埋藏于胚囊中,仅有2~4个颈壁细胞露在外面。颈卵器内有1个卵细胞和1个腹沟细胞,无颈沟细胞,比蕨类植物的颈卵器更为退化。

4. 具多胚现象

大多数裸子植物具多胚现象，这是由于1个雌配子体上的多个颈卵器的卵细胞同时受精，形成多胚，或者由1个受精卵发育成原胚，再分裂为几个胚而形成多胚。

5. 胚珠裸露，产生种子，不形成果实

花单性，无花被。雄蕊聚生成雄球花，雌蕊的心皮呈叶片状而不包卷成密闭的子房，丛生或聚生成雌球花，胚珠裸生于心皮的边缘，受精后发育成的种子无果皮包被。由于不形成果实，种子裸露在外，所以称裸子植物，这是裸子植物和被子植物的主要区别。

第二节　常用药用裸子植物

现代裸子植物门有12科，近800种。我国有11科，236种和47个变种。已知药用的有10科，100余种。

1. 银杏科 Ginkgoaceae

本科仅1属1种，为我国特产。国内外栽培很广。

银杏 *Ginkgo biloba* L. 为落叶乔木，枝有顶生的营养性长枝和侧生的生殖性短枝之分。单叶，扇形，具柄，长枝上的叶螺旋状散生，2裂；短枝上的叶丛生，常具波状缺刻。球花单性异株，生于短枝上；雄球花成葇荑花序状，雄蕊多数，各具2药室，花粉粒萌发时产生2个多纤毛的精子；雌球花极为简化，有长柄，柄端生两个杯状心皮，又称珠托（collar），其上各裸生1个直立胚珠，常只1个发育。种子核果状，外种皮肉质，成熟时橙黄色；中种皮白色，骨质；内种皮棕红色，纸质，可分为上下两半，上半又分为2层，这一半纸质种皮是珠心的表皮和珠被分离的部分；胚乳丰富；子叶2枚。种子（白果）能敛肺定喘，止带缩尿；叶（银杏叶）能活血化瘀，通络止痛，敛肺平喘，化浊降脂。（图5-1）

图5-1　银杏

银杏叶的药用

银杏的现代药用价值突出体现在叶上，银杏叶所含化学成分多达160余种，这些化学成分中，既有活性成分，也有毒性成分。其中内酯类和黄酮类对冠心病、心绞痛、脑血管疾病有一定的疗效，但它们不溶于水，需要用特殊方法提取，制成银杏叶提取物（GBE）才可使用。银杏叶及外种皮中含有的白果酸、白果酚、白果醇和银杏毒等有毒成分能溶于水，若直接用银杏叶泡茶，溶出的是毒性成分，会对身体造成危害，引起阵发性痉挛、神经麻痹、过敏等不良反应，因此，不能直接用银杏叶泡茶喝。

2. 松科 Pinaceae

多常绿乔木。叶针形或线形。有长、短枝，针形叶常2～5针1束，生于极度退化的短枝上，基部包有叶鞘，条形叶在长枝上螺旋状散生，在短枝上簇生。球花单性同株，少为异株。种鳞与苞鳞分离，具2枚种子，常有翅。

我国有10属113种，全国各地均有分布。已知药用的有8属48种。

【药用植物】

马尾松 *Pinus massoniana* Lamb. 为常绿乔木。树皮下部灰棕色，上部棕红色，小枝轮生。叶在长枝上为鳞片状，在短枝上为针状，2针一束，细长而柔软。雄球花生于新枝下部，淡红褐色；雌球花常2个生于新枝顶端。种鳞的鳞盾（种鳞顶端加厚膨大呈盾状的露出部分）菱形，鳞脐（鳞盾的中心凸出部分）微凹，无刺头。球果卵圆形或圆锥状卵形，成熟后栗褐色。种子长卵圆形，具单翅，子叶5～8枚。分布于我国淮河和汉水流域以南各地，西至重庆、四川、贵州和云南，生于阳光充足的丘陵山地酸性土壤。油松 *P. tabulaeformis* Carr. 叶2针一束，粗硬，长10～15cm；鳞盾肥厚隆起，鳞脐有刺尖。红松 *P. koraiensis* Sieb. et Zucc. 一年生枝密生黄褐色柔毛，叶5针一束，粗硬而直，种鳞先端向外反曲；种子大，无翅。上述植物的花粉（松花粉）能收敛止血，燥湿敛疮。瘤状节或分枝节（松节）能祛风除湿，通络止痛。（图5-2）

金钱松 *Pseudolarix kaempferi* Gord. 为落叶乔木。长枝上的叶螺旋状散生，短枝上的叶15～30簇生，叶片条形或倒披针状条形，辐射平展，秋后呈金黄色，似铜钱。我国特产，分布于长江流域以南各省区。根皮或近根树皮（土荆皮）能杀虫，疗癣，止痒。（图5-2）

图 5-2 松科植物

1. 马尾松 2. 油松 3. 红松 4. 金钱松

3. 柏科 Cupressaceae

常绿，木本。叶对生或轮生，鳞形或刺形。球果单性，同株或异株。珠鳞与苞鳞完全合生，着生 1 至数枚直生胚珠。球果成熟时种鳞木质化或肉质合生呈浆果状。种子无翅或具窄翅。

我国有 8 属约 40 种，分布于南北各地。已知药用的有 6 属 20 种。

【药用植物】

侧柏（扁柏）*Platycladus orientalis*（L.）Franco 为常绿乔木，小枝扁平，排成一平面，直展。叶全为鳞片叶，交互对生，贴生于小枝上。球花单性同株。球果单生枝顶，卵状矩圆形；种鳞 4 对，扁平，覆瓦状排列，有反曲的尖头，熟时开裂，中部种鳞各有种子 1～2 枚。种子卵形，无翅。为我国特产树种，分布遍及全国，各地常有栽培。枝梢和叶（侧柏叶）能凉血止血，化痰止咳，生发乌发；种仁（柏子仁）能养心安神，润肠通便，止汗。（图 5-3）

图 5-3　侧柏

4. 红豆杉科 Taxaceae

常绿乔木或灌木。叶披针形或针形，螺旋状排列或交互对生，基部扭转成 2 列，下面沿中脉两侧各具 1 条气孔带。球花单性异株，稀同株；雄球花常单生或成穗状花序状，雄蕊多数，具 3~9 个花药，辐射状或偏向一侧，花粉粒无气囊；雌球花单生或成对着生于叶腋，具多数覆瓦状排列或交互对生的苞片（大孢子叶），顶部苞片发育为杯状、盘状或囊状的珠托，内有胚珠 1 枚，花后珠被发育成假种皮，全包或半包着种子。种子浆果状或核果状。

我国有 4 属 12 种。已知药用的有 3 属 10 种。

【药用植物】

红豆杉（紫杉）*Taxus chinensis*（Piger）Rehd. 为常绿乔木，树皮裂成条片状剥落。叶条形，略微弯曲或直，基部扭转为 2 列，叶缘微反曲，叶端具微凸尖头，叶背有 2 条宽黄绿色或灰绿色气孔带，中脉上密生有细小凸点。雌雄异株，雄球花单生于叶腋，雌球花的胚珠单生于花轴上部侧生短轴的顶端。种子扁卵圆形，上部渐窄，有 2 棱，种脐卵圆形，生于杯状红色肉质假种皮中。为我国特有树种，产于甘肃南部、陕西南部、四川、重庆、云南东北部及东南部、贵州西部及东南部、湖北西部、湖南东北部、广西北部和安徽南部（黄山），生于海拔 1000~1500m 石山杂木林中。茎皮中含紫杉醇，具有抗肿瘤作用。（图 5-4）

榧 *Torreya grandis* Fort. 为常绿乔木，树皮条状纵裂。小枝近对生或轮生。叶螺旋状着生，扭曲成 2 列，条形，坚硬革质，先端有刺状短尖，上面深绿色，无明显中脉，下面淡绿色，有 2 条粉白色气孔带。雌雄异株，雄球花单生叶腋，圆柱状，雄蕊多数，各有 4 个药室；雌球花成对生于叶腋。种子椭圆形或卵形，成熟时核果状，为由珠托发育的假种皮

图 5-4　红豆杉

所包被，淡紫红色，肉质。分布于江苏、浙江、安徽南部、福建西北部、江西及湖南等省，为我国特有树种，常栽培。种子（榧子）能杀虫消积，润肺止咳，润燥通便。

5. 麻黄科 Ephedraceae

小灌木或亚灌木。小枝对生或轮生，节明显，节间有细纵槽。叶小，鳞片状，常退化成膜质鞘，对生或轮生于节上。球花单性异株。雄球花由数对苞片组合而成，每苞片中有雄花 1 朵，雄蕊 2～8，每雄蕊具 2 花药，花丝合成 1～2 束；雄花外具膜质假花被；雌球花由多数苞片组成，仅顶端的 1～3 苞片内生有雌花。胚珠 1，胚珠外有革质假花被包围，顶端有内珠被延伸而成的珠孔管。种子浆果状。

我国有 12 种 4 变种，分布于东北、西北、西南等地区。已知药用的有 15 种。

【药用植物】

草麻黄 *Ephedra sinica* Stapf 为草本状小灌木，高 30～40cm。木质茎短，常似根状茎，匍匐地上或横卧土中；草质茎绿色，小枝对生或轮生，节明显，节间长 2～6cm。叶鳞片状，膜质，基部鞘状，下部 1/3～2/3 合生，上部 2 裂，裂片锐三角形，常向外反曲。雄球花常聚集成复穗状，生于枝端，具苞片 4 对；雌球花单生枝顶，有苞片 4～5 对，最上 1 对苞片各有 1 雌花，珠被（孔）管直立，成熟时苞片增厚成肉质，红色，浆果状，内有种子 2 枚。分布于东北、内蒙古、河北、山西、陕西等省区，生于砂质干燥地带，常见于山坡、河床和干草原，有固沙作用。中麻黄 *E. intermedia* Schr. et Mey. 为直立小灌木，高达 1m 以上，节间长 3～6cm，叶裂片通常 3 片；雌球花珠被管长达 3mm，常呈螺旋状弯曲，种子通常 3 枚。木贼麻黄 *E. equisetina* Bge. 为直立小灌木，高达 1m；节间细而较短，长 1～2.5cm；雌球花常两个对生于节上，珠被管弯曲；种子通常 1 枚。上述三种植物的草质茎（麻黄）能发汗散寒，宣肺平喘，利水消肿；根和根茎（麻黄根）能固表止汗。（图 5-5）

图5-5 草麻黄

思考题

1. 裸子植物的主要特征有哪些?

2. 简述松科、柏科、麻黄科识别要点。

3. 区分马尾松和油松,草麻黄、木贼麻黄和中麻黄的形态特征。

第 六 章
药用被子植物

【学习目标】

1. 能辨识被子植物门的基本特征。

2. 能辨识马兜铃科、蓼科、毛茛科、芍药科、木兰科、十字花科、蔷薇科、豆科、五加科、伞形科、木犀科、唇形科、玄参科、葫芦科、桔梗科、菊科、禾本科、天南星科、百合科、薯蓣科、鸢尾科、姜科、兰科的主要特征。

3. 能识别主要的药用被子植物。

第一节 概 述

被子植物是现代植物界中进化程度最高、种类最多、分布最广、生长最繁盛的一个类群。现知被子植物门（Angiospermae）共 1 万多属，约 20 多万种，占植物界的一半。我国有 2700 多属，约 3 万种，其中已知药用种类约 9000 种，是药用植物最多的类群。与裸子植物相比，被子植物具有以下特征：

1. 植物体（孢子体）高度发达

被子植物有乔木、灌木、藤本和草本。器官更加完善、复杂，产生了具有高度特化的、真正的花，对环境的适应有水生、陆生，营养方式包括自养和异养。

2. 具独特的双受精现象

被子植物生殖时，一个精子与卵结合发育成胚（2n），另一个精子与两个极核结合形成三倍体的胚乳（3n）。所以，不仅胚融合了双亲的遗传物质，而且胚乳也具有双亲的特性，这与裸子植物的胚乳直接由雌配子体（n）发育而来不同。双受精现象使新植物个体内矛盾增大，因而具有更强的生活力。

111

3. 胚珠包被，形成果实

雌蕊的心皮包卷成密闭的子房，胚珠包藏其中，得到很好的保护。经受精作用后，子房形成果实，种子又包被在果皮之内，故称被子植物。果实的形成不仅使种子受到特殊保护，抵御外界不良环境伤害的能力增强，而且有利于种子的散布。

4. 高度发达的输导组织

被子植物输导组织中的木质部出现了导管，韧皮部出现了筛管和伴胞，提高了水分和营养物质的运输能力。

本教材采用恩格勒分类系统，该系统将被子植物门分为 2 纲 62 目 344 科。其中 2 纲为双子叶植物纲和单子叶植物纲，它们的主要区别特征见表 6-1。

表 6-1　双子叶植物纲和单子叶植物纲的主要区别

	双子叶植物纲	单子叶植物纲
根	直根系	须根系
茎	维管束成环状排列，有形成层	维管束成星散排列，无形成层
叶	具网状叶脉	具平行脉或弧形叶脉
花	各部分基数为 4 或 5	各部分基数为 3
	花粉粒具 3 个萌发孔	花粉粒具单个萌发孔
胚	具 2 片子叶	具 1 片子叶

以上区别点不是绝对的，有少数例外，如双子叶植物纲中的毛茛科、车前科、菊科等有须根系植物；胡椒科、睡莲科、毛茛科、石竹科等有维管束星散排列的植物；樟科、木兰科、小檗科、毛茛科有 3 基数的花；睡莲科、毛茛科、小檗科、罂粟科、伞形科等有 1 片子叶的现象。单子叶植物纲中的天南星科、百合科、薯蓣科等有网状叶脉；眼子菜科、百合科、百部科等有 4 基数的花。

第二节　常用药用被子植物

一、双子叶植物纲 Dicotyledoneae

双子叶植物纲分为两个亚纲：离瓣花亚纲（原始花被亚纲），是被子植物中比较原始的类群；合瓣花亚纲（后生花被亚纲），是被子植物中较进化的类群。

（一）离瓣花亚纲 Choripetalae

离瓣花亚纲又称原始花被亚纲，花无被、单被或重被，花瓣分离，雄蕊和花冠离生，胚珠多具一层珠被。

1. 三白草科 Saururaceae

多年生草本。单叶互生，托叶贴生于叶柄上。穗状或总状花序，在花序基部常有总苞片；花小，两性，无花被；雄蕊 3 ~ 8；心皮 3 ~ 4，离生或合生，如为合生时，则子房 1室成侧膜胎座。蒴果或浆果。

我国有 3 属 4 种，分布于中部以南各省区，全部可供药用。

【药用植物】

蕺菜 *Houttuynia cordata* Thunb. 为多年生草本，全草有鱼腥气，故又名鱼腥草。根状茎白色。叶互生，心形，有细腺点，下面常带紫色；托叶膜质条形，下部与叶柄合生成鞘。穗状花序顶生，总苞片 4，白色花瓣状；花小，两性，无花被；雄蕊 3，花丝下部与子房合生；雌蕊心皮 3，下部合生，子房上位。蒴果，顶端开裂。分布于长江流域各省，生于沟边、湿地和水旁。全草（鱼腥草）能清热解毒，消痈排脓，利尿通淋。（图 6 - 1）

图 6 - 1 蕺菜

常见的药用植物还有：三白草 *Saururus chinensis* （Lour.）Baill. 全草（三白草）能利尿消肿，清热解毒。

2. 马兜铃科 Aristolochiaceae

多为草本或藤本。单叶互生，叶基常心形，无托叶。花两性，辐射对称或两侧对称；花单被，常花瓣状，下部多合生成各式花被管，顶端 3 裂或向一侧伸展；雄蕊 6 ~ 12，花丝短，分离或与花柱合生；雌蕊心皮 4 ~ 6，合生，子房下位或半下位，4 ~ 6 室，中轴胎座。蒴果。

我国有 4 属 86 种，分布于全国。已知药用的有 3 属 65 种。

【药用植物】

马兜铃 *Aristolochia debilis* Sieb. et Zucc. 为多年生草质藤本。叶互生；叶片三角状狭卵形至卵状披针形，基部心形。单花腋生；花被管基部膨大成球形，中部管状，上部偏斜成舌状；雄蕊 6，贴生于花柱的顶端，花丝极短；子房下位。蒴果长球形，6 瓣裂。种子具宽翅，三角形。分布于黄河以南地区。北马兜铃 *A. contorta* Bge. 叶片三角状心形；花数朵簇生于叶腋，花被顶端具线状尖尾。分布于黄河以北地区。两者的果实（马兜铃）能清肺降气，止咳平喘，清肠消痔；地上部分（天仙藤）能行气活血，通络止痛。（图6-2）

图6-2　马兜铃与北马兜铃

1. 马兜铃　2. 北马兜铃　3. 果实

北细辛 *Asarum heterotropoides* Fr. Schmidt var. *mandshuricum*（Maxim.）Kitag. 为多年生草本。根状茎横走，具有多数细长肉质的根，气味辛香浓烈。叶基生，常2枚；叶片心形或近肾形，全缘，上表皮脉上有短毛，下表皮被毛较密；长叶柄。单花腋生；紫色花被管壶形或半球形，顶端3裂，裂片向外反折；雄蕊12，着生于子房中下部；子房半下位，花柱6。浆果状蒴果，半球形。分布于东北各地。华细辛 *A. sieboldii* Miq. 叶片心形，先端渐尖，叶下表皮无毛或被疏毛；花被裂片斜伸或平展。分布于华东、河南、陕西、湖北及四川等地。汉城细辛 *A. sieboldii* Miq. var. *seoulense*（Nakai）C. Y. Cheng et C. S. Yang 与华细辛相似，区别在于本变种叶柄有毛，叶下面通常密生较长的毛。分布于辽宁南部。三者的根及根茎（细辛）能解表散寒，祛风止痛，通窍，温肺化饮。（图6-3）

图6-3　细辛属植物

1、2. 北细辛　3. 华细辛　4. 汉城细辛

3. 蓼科 Polygonaceae

多草本。茎节常膨大。单叶互生，有膜质托叶鞘。花多两性，排成穗状、头状或圆锥

花序；单被花，花被片3～6，常花瓣状，宿存；雄蕊3～6，稀9；子房上位，2～3心皮合生成1室，胚珠1，基生胎座。瘦果或小坚果，包于宿存花被内，多有翅。

我国有13属235种，分布于全国。已知药用的有10属136种。

【药用植物】

掌叶大黄 *Rheum palmatum* L. 为多年生高大草本。根和根茎粗大，断面黄色。基生叶有长柄，掌状深裂；茎生叶较小；托叶鞘长筒状。大型圆锥花序顶生，花小，紫红色，花被片6，雄蕊9，花柱3。瘦果具3棱翅。分布于陕西、甘肃、四川西部和西藏、青海等省区，生于高寒山区山地、林缘或草坡。唐古特大黄 *R. tanguticum* Maxim. et Balf. 基生叶深裂，裂片又羽状深裂。药用大黄 *R. officinale* Baill. 基生叶掌状浅裂，边缘有粗锯齿。三者的根及根茎（大黄）能泻下攻积，清热泻火，凉血解毒，逐瘀通经，利湿退黄。（图6－4）

图6-4 大黄属植物

1. 药用大黄　2. 掌叶大黄　3. 唐古特大黄

何首乌 *Polygonum multiflorum* Thunb. 为多年生缠绕草本。块根肥厚呈长椭圆形或不规则块状，外表暗褐色，断面具"云锦花纹"（异型维管束）。叶卵状心形，有长柄，托叶鞘短筒状，两面光滑。大型圆锥花序，分枝较多；花小，白色，花被片5；雄蕊8。瘦果具3棱。分布于全国各地，生于灌丛中、山脚阴处或石隙中。块根（何首乌）能解毒，消痈，截疟，润肠通便；制首乌能补肝肾，益精血，乌须发，强筋骨，化浊降脂；藤茎（首乌藤）能养血安神，祛风通络。（图6－5）

常见的药用植物还有：萹蓄 *Polygonum aviculare* L. 地上部分（萹蓄）能利尿通淋，杀虫，止痒。拳参 *P. bistorta* L. 根茎（拳参）能清热解毒，消肿，止血。虎杖 *P. cuspidatum* S. et Z. 根及根茎（虎杖）能利湿退黄，清热解毒，散瘀止痛，止咳化痰。红蓼 *P. orientale* L. 果实（水红花子）能散血消癥，消积止痛，利水消肿。杠板归 *P. perfoliatum* L. 地上部分（杠板归）能清热解毒，利水消肿，止咳。蓼蓝 *P. tinctorium* Ait. 叶（蓼大青叶）能清热解毒，凉血消斑；叶或茎叶经加工制成青黛，能清热解毒，凉血消斑，泻火定惊。金荞麦 *Fagopyrum dibotrys*（D. Don）Ham 根茎（金荞麦）能清热解毒，排脓祛瘀。

图 6-5　何首乌

4. 苋科 Amaranthaceae

草本，稀灌木。单叶，互生或对生，无托叶。花小，常两性，密集成聚伞花序，再形成穗状、头状或圆锥花序；花单被，花被片 3～5，干膜质；雄蕊多为 5，与花被片对生；子房上位，2～3 心皮合生，1 室，胚珠 1 至多数。胞果，稀浆果。

我国有 15 属 40 余种，分布于全国。已知药用的有 9 属 28 种。

【药用植物】

牛膝 Achyranthes bidentata Bl. 为多年生草本。根长圆柱形，肉质，土黄色。茎四棱方形，节膨大。叶对生，椭圆形至椭圆状披针形，全缘。穗状花序，顶生或腋生；花开后，向下倾贴近花序梗；小苞片刺状；花被片 5；雄蕊 5，退化雄蕊顶端齿形或浅波状；胞果长圆形。生于山林和路旁，多为栽培，主产于河南（怀牛膝）。根（牛膝）能逐瘀通经，补肝肾，强筋骨，利尿通淋，引血下行。（图 6-6）

图 6-6　牛膝　　　　　　　　　　　　图 6-7　川牛膝

　　川牛膝 *Cyathula officinalis* Kuan 为多年生草本。根圆柱形，近白色。茎多分枝，被糙毛。叶对生，叶片椭圆形或长椭圆形，两面被毛。花小，绿白色，密集成圆头状；苞腋有花数朵，两性花居中，花被 5，雄蕊 5，退化雄蕊先端齿裂，花丝基部合生成杯状；不育花居两侧，花被片多退化成钩状芒刺；子房 1 室，胚珠 1。胞果长椭圆形。分布于四川、贵州及云南等省，生于林缘或山坡草丛中，多为栽培。根（川牛膝）能逐瘀通经，通利关节，利尿通淋。（图 6-7）

　　常见的药用植物还有：青葙 *Celosia argentea* L. 种子（青葙子）能清肝泻火，明目退翳。鸡冠花 *Celosia cristata* L. 花序（鸡冠花）能收敛止血，止带，止痢。

5. 毛茛科 Ranunculaceae

　　草本，稀木质藤本。单叶或复叶，互生或基生，少对生；无托叶。花两性，稀单性，辐射对称或两侧对称；花单生或成聚伞、总状或圆锥花序；萼片 3 至多数，常花瓣状；花瓣 3 至多数或缺；雄蕊和心皮多数，离生，螺旋状排列在膨大的花托上，子房上位，1 室，胚珠 1 至多数。聚合蓇葖果或聚合瘦果，稀浆果。

　　我国约 40 属 920 种，分布于全国。已知药用的约 30 属 500 种。

【药用植物】

　　乌头 *Aconitum carmichaelii* Debx. 为多年生草本。母根（主根）倒圆锥形，似乌鸦头，周围常生数个子根（是具有膨大不定根的更新芽）。叶五角形，3 全裂，中央裂片宽菱形近羽状分裂，侧生裂片不等 2 深裂。总状花序，密生反曲柔毛；萼片 5，蓝紫色，上萼片高盔状；花瓣 2，有长爪；雄蕊多数；心皮 3~5，离生。聚合蓇葖果。分布于长江中下游，华北、西南亦产，生于山坡草地、灌丛中。母根（川乌）能祛风除湿，温经止痛；子根（附子）能回阳救逆，补火助阳，散寒止痛。北乌头 *A. kusnezoffii* Reichb. 叶 3 全裂，中裂片菱形，近羽状分裂。花序无毛。分布于东北、华北。块根（草乌）能祛风除湿，温经止痛；叶（草乌叶）能清热，解毒，止痛。（图 6-8）

图 6-8　乌头

黄连 *Coptis chinensis* Franch. 为多年生草本。根状茎常分枝成簇，生多数须根，黄色。叶基生，3 全裂，中央裂片具柄，各裂片再做羽状深裂，边缘具锐锯齿。聚伞花序，花3~8朵，黄绿色；萼片5，狭卵形，花瓣条状披针形，中央有蜜腺；雄蕊多数；心皮8~12，离生。蓇葖果具柄。主产于四川，云南、贵州、湖北及陕西等省亦有分布，生于高山林下阴湿处，多栽培。三角叶黄连 *C. deltoidea* C. Y. Cheng et Hsiao. 与黄连相似，但本种的根状茎不分枝或少分枝，叶的一回裂片的深裂片彼此邻接；特产于四川峨眉及洪雅一带，常栽培。云连 *C. teeta* Wall. 根状茎分枝少而细，叶的羽状深裂片彼此疏离，花瓣匙形，先端钝圆；分布于云南西北部及西藏东南部。三者根茎（黄连）能清热燥湿，泻火解毒。（图6-9）

图6-9 黄连

常见的药用植物还有：小木通 *Clematis armandii* Franch. 和绣球藤 *C. montana* Buch. – Ham. ex DC.，二者藤茎（川木通）能利尿通淋，清心除烦，通经下乳。威灵仙 *C. chinensis* Osbeck、棉团铁线莲 *C. hexapetala* Pall. 和东北铁线莲 *C. manshurica* Rupr.，三者根和根茎（威灵仙）能祛风湿，通经络。大三叶升麻 *Cimicifuga heracleifolia* Kom.、兴安升麻 *C. dahurica*（Turcz.）Maxim. 和升麻 *C. foetida* L.，三者根茎（升麻）能发表透疹，清热解毒，升举阳气。白头翁 *Pulsatilla chinensis*（Bge.）Regel 根（白头翁）能清热解毒，凉血止痢。小毛茛 *Ranunculus ternatus* Thunb. 块根（猫爪草）能化痰散结，解毒消肿。天葵 *Semiaquilegia adoxoides*（DC.）Makino 块根（天葵子）能清热解毒，消肿散结。

6. 芍药科 Paeoniaceae

多年生草本或灌木。根肥大。叶互生，通常为二回三出羽状复叶。花大，1 至数朵顶生；萼片通常5，宿存；花瓣5~10（栽培者多数），红、黄、白、紫各色；雄蕊多数，离心发育；花盘杯状或盘状，包裹心皮；心皮2~5，离生。聚合蓇葖果。

我国有 1 属 17 种，分布于东北、华北、西北、长江流域及西南，几乎全部可供药用。

【药用植物】

芍药 *Paeonia lactiflora* Pall. 为多年生草本。根粗壮，圆柱形。二回三出复叶，小叶狭卵形，叶缘具骨质细乳突。花白色、粉红色或红色，顶生或腋生；花盘肉质，仅包裹心皮基部。聚合蓇葖果，卵形，先端钩状外弯曲。分布于我国北方，生于山坡草丛，各地有栽培。栽培的刮去栓皮的根（白芍）能养血调经，敛阴止汗，柔肝止痛，平抑肝阳。野生的不去栓皮的根（赤芍）能清热凉血，散瘀止痛。同属植物川赤芍 *P. veitchii* Lynch 的根亦作药材"赤芍"入药。（图 6–10）

图 6–10　芍药

凤丹 *Paeonia ostii* T. Hong et J. X. Zhang 为落叶灌木。一至二回羽状复叶。花单生枝顶；萼片 5；花瓣 10~15，多为白色；花盘革质紫红色，全包心皮；心皮 5~8，密生白色柔毛。聚合蓇葖果，纺锤形。种子卵形或卵圆形，黑色。主产于安徽铜陵凤凰山及南陵丫山；各地多有栽培。根皮（牡丹皮）能清热凉血，活血化瘀。同属植物牡丹 *P. suffruticosa* Andr. 与凤丹的区别：为二回三出复叶，顶生小叶 3 裂；花有白色、红紫色、黄色等多种；各地多栽培供观赏，根皮一般不作药用。（图 6–11，图 6–12）

图 6–11　凤丹

图 6–12　牡丹

7. 木兰科 Magnoliaceae

木本，有香气。单叶互生，常全缘；托叶有或缺，有托叶的，托叶大，包被幼芽，早落，在节上留有环状托叶痕。花单生，两性稀单性，辐射对称。花被花瓣状，3 基数，多轮；雌蕊、雄蕊多数，离生，分别螺旋状排列于柱状花托上部、下部。聚合蓇葖果或带翅聚合坚果。种子常悬挂于丝状种柄上。

我国有 16 属 170 余种，主要分布于华南与西南地区。已知药用的有 5 属约 45 种。

【药用植物】

望春花 *Magnolia biondii* Pamp. 为落叶乔木。树皮灰色或暗绿色，小枝近无毛，芽卵形，密被淡黄色柔毛。单叶互生，叶片长圆状披针形至卵状披针形，全缘，先端急尖，两面无毛。花先叶开放，单生枝端；萼片 3，近线形；花瓣 6，2 轮，白色，匙形，基部外面紫色；雄蕊、心皮多数，离生。聚合蓇葖果圆柱状，稍扭曲。种子深红色。分布于河南、陕西、甘肃、湖北及四川等地。玉兰 *M. denudata* Desr. 叶倒卵形至倒卵状长圆形，叶面有光泽，叶背被柔毛，花被片 9，白色，同型。武当玉兰 *M. sprengeri* Pamp. 花蕾粗大，花被片 10~15，内外轮无明显差异。三者花蕾（辛夷）能散风寒，通鼻窍。（图 6－13）

图 6－13　望春花与玉兰

1、2. 望春花　3、4. 玉兰

厚朴 *Magnolia officinalis* Rehd. et Wils. 为落叶乔木。树皮厚，棕褐色，枝粗壮，幼枝淡黄色，有绢状毛，顶芽大型。叶互生，集生于小枝顶端；叶片大，革质，倒卵形或倒卵状椭圆形，先端圆，背面被有白色粉状物。花与叶同时开放，单生枝顶，白色，芳香；花被片 9~12 或更多；雄蕊多数；雌蕊心皮多数，离生，子房上位。聚合蓇葖果长椭圆状卵形，木质。分布于长江流域和陕西、甘肃南部等地。凹叶厚朴 *M. officinalis* Rehd. et Wils. var. *biloba* Rehd. et Wils. 叶先端凹缺，成 2 钝圆的浅裂片，但幼苗叶先端钝圆，并不凹缺；聚合果基部较窄。分布于福建、浙江、安徽、江西等地。二者的干皮、根皮及枝皮（厚朴）能燥湿消痰，下气除满；花蕾（厚朴花）能芳香化湿，理气宽中。（图 6－14）

常用的药用植物还有：八角茴香 *Illicium verum* Hook. f. 果实（八角茴香）能温阳散寒，理气止痛。五味子 *Schisandra chinensis*（Turcz.）Baill. 果实（五味子）能收敛固涩，

图 6 - 14 凹叶厚朴（杨成梓提供）

益气生津，补肾宁心。华中五味子 *S. sphenanthere* Rehd. et Wils. 果实（南五味子）功效与五味子相同。

8. 十字花科 Cruciferae

草本，稀半灌木。叶互生，无托叶。总状花序或伞房花序；花两性，辐射对称，萼片4，花瓣4，十字形排列，基部常成爪；雄蕊6，四强雄蕊；雌蕊2心皮合生，子房上位，侧膜胎座，1室或有假隔膜而成假2室，每室胚珠1至多数。角果。

我国有102属410余种，分布于全国。已知药用的有30属103种。

【药用植物】

菘蓝 *Isatis indigotica* Fort. 为一至二年生草本。主根圆柱形。全株灰绿色。基生叶有柄，长圆状椭圆形；茎生叶较小，长圆状披针形，基部垂耳圆形，半抱茎。圆锥花序；花黄色，花梗细，下垂。短角果扁平，顶端钝圆或截形，边缘有翅，紫色，内含1粒种子。各地均有栽培。根（板蓝根）能清热解毒，凉血利咽；叶（大青叶）能清热解毒，凉血消斑；茎叶加工品（青黛）能清热解毒，凉血，定惊。（图6－15）

常见的药用植物还有：芥 *Brassica juncea*（L.）Czern. et Coss. 和白芥 *Sinapis alba* L.，种子（芥子）能温肺豁痰利气，散结通络止痛。无茎芥（单花荠）*Pegaeophyton scapiflorum*（Hook. f. et Thoms.）Marq. et Shaw 根和根茎（高山辣根菜）能清热解毒，清肺止

图 6 - 15 菘蓝

咳，止血，消肿。播娘蒿 *Descurainia sophia*（L.）Webb. ex Prantl 和独行菜 *Lepidium apetalum* Willd. ，种子（葶苈子）能泻肺平喘，行水消肿。萝卜 *Raphanus sativus* L. 种子（莱菔子）能消食除胀，降气化痰。菥蓂 *Thlaspi arvense* L. 地上部分（菥蓂）能清肝明目，和中利湿，解毒消肿。

9. 蔷薇科 Rosaceae

草本、灌木或乔木。常具刺。单叶或复叶，多互生，常有托叶。花两性，辐射对称；单生或排成伞房、圆锥花序；花托凸起或凹陷，边缘延伸成一碟状、杯状、坛状或壶状的托杯，又称萼筒、花托筒、被丝托；萼片、花瓣和雄蕊均着生在托杯的边缘；萼片5；花瓣5，分离。雄蕊通常多数，心皮1至多数，离生或合生；子房上位或下位，每室含1至多数胚珠。核果、梨果、瘦果或蓇葖果。

我国约55属950种，分布全国。已知药用的有48属400余种。

本科根据花托、托杯、雌蕊心皮数、子房位置和果实类型分为四个亚科。

亚科检索表

1. 果实开裂，蓇葖果或蒴果；心皮1~5，常离生；多无托叶 ………………… 绣线菊亚科 Spiraooideae

1. 果实不开裂；有托叶。

  2. 子房上位，稀下位。

    3. 心皮常多数，聚合瘦果或聚合小核果；萼宿存 ………………… 蔷薇亚科 Rosoideae

    3. 心皮1；核果；萼常脱落 ………………… 梅亚科 Prunnideae

  2. 子房下位，心皮2~5，多少连合并与萼筒结合；梨果 ………………… 苹果亚科 Maloideae

【药用植物】

金樱子 *Rosa laevigata* Michx 为常绿攀缘有刺灌木。羽状复叶，小叶3，稀5，椭圆状卵形，叶片近革质。花大，白色，单生于侧枝顶端。蔷薇果熟时红色，倒卵形，外有刺毛。分布于华中、华东、华南各省区，生于向阳山坡。果实（金樱子）能固精缩尿，固崩止带，涩肠止泻。（图6-16）

图6-16 金樱子

山楂 *Crataegus pinnatifida* Bge. 为落叶乔木。小枝紫褐色，通常有刺。叶宽卵形至菱状卵形，两侧各有 3~5 羽状深裂片，边缘有尖锐重锯齿；托叶较大，镰形。伞房花序；花白色。梨果近球形，直径 1~1.5cm，深红色，有灰白色斑点。分布于东北、华北及陕西、河南、江苏，生于山坡林缘。山里红 *C. pinnatifida* Bge. var. *major* N. E. Br. 果形较大，直径 2.5cm；叶片分裂较浅。二者果实（山楂）能消食健胃，行气散瘀，化浊降脂；叶（山楂叶）能活血化瘀，理气通脉，化浊降脂。

贴梗海棠 *Chaenomeles speciosa*（Sweet）Nakai 为落叶灌木。枝有刺。叶卵形至长椭圆形，叶缘有尖锐锯齿；托叶大型，肾形或半圆形。花先叶开放，腥红色，稀淡红色或白色，3~5 朵簇生；花梗粗短；托杯钟状。梨果球形或卵形，直径 4~6cm，黄色或黄绿色，芳香。产于华东、华中、西南等地，多栽培。近成熟果实（木瓜）能舒筋活络，和胃化湿。（图 6-17）

图 6-17　贴梗海棠

常见的药用植物还有：地榆 *Sanguisorba officinalis* L. 和长叶地榆 *S. officinalis* L. var. *longifolia*（Bert）Yu et Li 的根（地榆）能凉血止血，解毒敛疮。龙芽草 *Agrimonia pilosa* Ledeb. 地上部分（仙鹤草）能收敛止血，截疟，止痢，解毒，补虚。玫瑰 *Rosa rugosa* Thunb. 花（玫瑰花）能理气解郁，和血，止痛。月季 *R. chinensis* Jacq. 花（月季花）能活血调经，疏肝解郁。华东覆盆子 *Rubus chingii* Hu 果实（覆盆子）能益肾固精缩尿，养肝明目。委陵菜 *Potentilla chinensis* Ser. 全草（委陵菜）能清热解毒，凉血止痢。翻白草 *P. discolor* Bge. 全草（翻白草）能清热解毒，凉血止血。杏 *Prunus armeniaca* L.、山杏 *P. armeniaca* L. var. *ansu* Maxim.、西伯利亚杏 *P. sibrica* L. 和东北杏 *P. mandshurica*（Maxim.）Koehne 种子（苦杏仁）能降气止咳平喘，润肠通便。桃 *P. persica*（L.）Batsch 和山桃 *P. davidiana*（Carr.）Franch. 种子（桃仁）能活血祛瘀，润肠通便，止咳平喘。梅 *P. mume*（Sieb.）Sieb. et Zucc. 花蕾（梅花）能疏肝和中，化痰散结；近成熟果实（乌

梅）能敛肺，涩肠，生津，安蛔。欧李 *P. humilis* Bge.、郁李 *P. japonica* Thunb. 和长柄扁桃 *P. pedunculata* Maxim. 种子（郁李仁）能润肠通便，下气利水。枇杷 *Eriobotrya japonica* (Thunb.) Ljndl. 叶（枇杷叶）能清肺止咳，降逆止呕。

10. 豆科 Leguminosae，Fabaceae

木本或草本，叶互生，复叶稀单叶，常具托叶。花两性，两侧对称，少辐射对称；萼片 5；花瓣 5，花冠多为蝶形或假蝶形；雄蕊 10 枚，稀 4 枚或多数，分离或二体雄蕊；心皮 1，子房 1 室，偶 2 室，胚珠 1 至多数；边缘胎座。荚果。

本科约 650 属 18000 种，广布全球，是被子植物第三大科，仅次于菊科和兰科。我国有 169 属 1670 余种，分布全国。已知药用的有 109 属 600 余种。

豆科分为含羞草亚科、云实亚科和蝶形花亚科。

亚科检索表

1. 花辐射对称；花瓣镊合状排列；雄蕊多数或定数（4～10）……………………………… 含羞草亚科 Mimosoideae
1. 花两侧对称；花瓣覆瓦状排列；雄蕊一般 10 枚。
  2. 花冠假蝶形，旗瓣位于最内方，雄蕊分离不为二体 ………………………… 云实亚科 Caesalpinioideae
  2. 花冠蝶形，旗瓣位于最外方，雄蕊 10，通常二体 ………………………… 蝶形花亚科 Papilionoideae

【药用植物】

甘草 *Glycyrrhiza uralensis* Fisch. 为多年生草本。根状茎圆柱状，多横走；主根粗长，外皮红棕色或暗棕色。全株被白色短毛及刺毛状腺体。羽状复叶，小叶 7～17 片，卵形或宽卵形。总状花序腋生；花冠蓝紫色；雄蕊 10，二体。荚果镰刀状或环状弯曲，密被刺状腺毛及短毛。分布于东北、华北、西北，生于向阳干燥的钙质草原及河岸沙质土上。胀果甘草 *G. inflata* Batalin 小叶 3～7 片，上面有黄棕色腺点，下面有涂胶状光泽。荚果短小而直，膨胀，无毛。主产新疆。光果甘草 *G. glabra* L. 植物体密被淡黄棕色腺点和腺鳞，无腺毛。小叶较多，常为 19 片，长椭圆形。花序穗状，较叶短。荚果扁长圆形，无毛。分布于新疆、青海、甘肃。三者根和根茎（甘草）能补脾益气，清热解毒，祛痰止咳，缓急止痛，调和诸药。（图 6-18）

膜荚黄芪 *Astragalus membranaceus* (Fisch.) Bunge 为多年生草本。主根粗长，圆柱形。羽状复叶，小叶 9～25 枚，椭圆形或长卵圆形，两面被白色长柔毛。总状花序腋生；花黄白色；雄蕊 10，二体；子房被柔毛。荚果膜质，膨胀，卵状矩圆形，具长柄，被黑色短柔毛。分布于东北、华北、甘肃、四川、西藏，生于向阳山坡、草丛或灌丛。蒙古黄芪 *A. membranaceus* (Fisch) Bunge var. *mongholicus* (Bunge.) Hsiao 小叶 12～18 对，宽椭圆形，下面密生短柔毛。子房及荚果无毛。分布于内蒙古、吉林、山西、河北。二者根（黄芪）能补气升阳，固表止汗，利水消肿，生津养血，行滞通痹，托毒排脓，敛疮生肌。（图 6-19，图 6-20）

图 6 - 18　甘草属植物

1、2、3. 甘草　4. 光果甘草　5. 胀果甘草

图 6 - 19　膜荚黄芪（王海提供）

图 6 - 20　蒙古黄芪

苦参 Sophora flavescens Ait. 为落叶半灌木。根圆柱形，外皮黄白色。奇数羽状复叶，小叶 11～25，披针形至线状披针形，全缘；托叶线形。总状花序顶生；蝶形花冠，淡黄白色；雄蕊 10，花丝分离。荚果线形，呈不明显的串珠状，先端具长喙，成熟时不开裂，疏生短柔毛。种子近球形，黑色。根（苦参）能清热燥湿，杀虫，利尿。

常见的药用植物还有：儿茶 Acacia catechu（L. f.）Willd. 去皮枝、干的干燥浸膏（儿茶）能活血止痛，止血生肌，收湿敛疮，清热化痰。决明 Cassia obtusifolia L. 种子（决明子）能清热明目，润肠通便。合欢 Albixia julibrissin Durazz. 树皮（合欢皮）能解郁安神，

125

活血消肿；花（合欢花）能解郁安神。狭叶番泻 *Cassia angustifolia* Vahl. 和尖叶番泻 *C. acutifolia* Delile 二者小叶（番泻叶）能泄热行滞，通便，利水。补骨脂 *Psoralea corylifolia* Linn. 果实（补骨脂）能温肾助阳，纳气平喘，温脾止泻；外用消风祛斑。扁茎黄芪 *Astragalus complanatus* R. Br. 种子（沙苑子）能补肾助阳，固精缩尿，养肝明目。苏木 *Caesalpinia sappan* L. 心材（苏木）能活血祛瘀，消肿止痛。降香檀 *Dalbergia odorifera* T. Chen 树干和根的心材（降香）能化瘀止血，理气止痛。密花豆 *Spatholobus suberectus* Dunn. 藤茎（鸡血藤）能活血补血，调经止痛，舒筋活络。越南槐 *Sophora tonkinensis* Gagnep. 根和根茎（山豆根）能清热解毒，消肿利咽。野葛 *Pueraria lobata*（Willd.）Ohwi. 根（葛根）能解肌退热，生津止渴，透疹，升阳止泻，通经活络，解酒毒；花（葛花）能解酒毒，止渴。甘葛藤 *P. thomsonii* Benth. 根（粉葛）功效同葛根。槐 *Sophora japonica* L. 花蕾（槐米）及花（槐花）能凉血止血，清肝泻火；果实（槐角）能清热泻火，凉血止血。

11. 芸香科 Rutaceae

多为木本，常含芳香油。叶多为单身复叶或羽状复叶，常互生，具透明油腺点。多为两性花，4 或 5 基数，外轮雄蕊常与花瓣对生；子房上位，花盘明显。柑果、蓇葖果、核果或浆果。

我国 29 属 150 余种，分布于全国。已知药用的有 23 属 105 种。

【药用植物】

黄檗 *Phellodendron amurense* Rupr. 为落叶乔木，树皮淡黄褐色，木栓层发达，有纵沟裂，内皮鲜黄色。叶对生，奇数羽状复叶，小叶 5 ~ 15。披针形至卵状长圆形，边缘有细钝齿，齿缝有腺点。雌雄异株；聚伞状圆锥花序；萼片 5；花瓣 5，黄绿色；雄花有雄蕊 5；雌花退化雄蕊鳞片状。浆果状核果，球形，紫黑色，内有种子 2 ~ 5；果序上的果通常不密集。分布于华北、东北，生于山区杂木林中，有栽培。树皮（关黄柏）能清热燥湿，泻火除蒸，解毒疗疮。黄皮树 *P. chinensis* Schneid. 与上种的主要区别是：树皮的木栓层薄，小叶 7 ~ 15，下面密生长柔毛；果序上的果较密集成团。分布于四川、云南、湖北等地。树皮（黄柏）功效同关黄柏。（图 6 – 21）

吴茱萸 *Evodia rutaecarpa*（Juss.）Benth. 为落叶小乔木。幼枝、叶轴及花序均被黄褐色长柔毛。有特殊气味。叶对生；羽状复叶具小叶 5 ~ 9，叶两面被白色长柔毛，有透明腺点。雌雄异株，聚伞状圆锥花序顶生。花萼 5，花瓣 5，白色。蒴果扁球形，开裂时成蓇葖果状，紫红色。分布于长江流域及南方各省区，生于山区疏林或林缘。疏毛吴茱萸 *E. rutaecarpa*（Juss.）Benth. var. *bodinieri*（Dode）Huang 小叶广长圆形、披针形至倒卵状披针形，背面脉上被疏柔毛；分布于江西、湖南、广东、广西和贵州。石虎 *E. rutaecarpa*（Juss.）Benth. var. *officinalis*（Dode）Huang 小叶较狭，长圆形至狭披针形，背面密被长柔毛；分布于秦岭以南各地。三者近成熟果实（吴茱萸）能散寒止痛，降逆止呕，助阳止

图 6 - 21　黄檗属植物

1、2. 黄檗　3、4. 黄皮树

泻。(图 6 - 22)

　　常见的药用植物还有：橘 *Citrus reticulate* Blanco 成熟果皮（陈皮）能理气健脾，燥湿化痰；外层果皮（橘红）能理气宽中，燥湿化痰；种子（橘核）能理气，散结，止痛；幼果或未成熟果皮（青皮）能疏肝破气，消积化滞。酸橙 *C. aurantium* L. 幼果（枳实）能破气消积，化痰散痞；未成熟果实（枳壳）能理气宽中，行滞消胀。枸橼 *Citrus medica* L. 和香圆 *C. wilsonii* Tanaka 果实（香橼）能疏肝理气，宽中化痰。佛手 *C. medica* L. var. *sarcodactylis* Swingle 果实能疏肝理气，和胃止痛，燥湿化痰。柚 *C. grandis*（l.）Osbeck 和化州柚 *C. grandis* 'Tomentosa´的未成熟或近成熟外层果皮（化橘红）能理气宽中，燥湿化痰。白鲜 *Dictamnus dasycarpus* Turcz. 根皮（白鲜皮）能清热燥湿，祛风解毒。青椒 *Zanthoxylum schinifolium* Sieb. et Zucc. 和花椒 *Z. bungeanum* Maxim. 二

图 6 - 22　吴茱萸

者果皮（花椒）能温中止痛，杀虫止痒。两面针 *Z. nitidum*（Roxb.）DC. 的根能活血化瘀，行气止痛，祛风通络，解毒消肿。

12. 五加科 Araliaceae

　　木本，稀多年生草本。茎常有刺。叶多互生，常为掌状或羽状复叶，少为单叶。花小，辐射对称，多两性；伞形花序或集成头状花序，常排成圆锥状；萼齿 5，花瓣 5 ~ 10；雄蕊 5 ~ 10，着生于花盘的边缘，花盘生于子房顶部；子房下位，常 2 ~ 5 室，每室 1 胚珠。浆果或核果。

　　我国有 23 属 172 种，除新疆外，全国均有分布。已知药用的有 19 属 112 种。

【药用植物】

人参 Panax ginseng C. A. Meyer 为多年生草本。主根圆柱形或纺锤形，上部有环纹，下面常有分枝及细根，细根上有小疣状突起（珍珠点），顶端根状茎结节状（芦头），上有茎痕（芦碗），其上常生有不定根（艼）。茎单一，掌状复叶轮生茎端，一年生者具1枚3小叶的复叶，二年生者具1枚5小叶的复叶，以后逐年增加1枚5小叶复叶，最多可达6枚复叶；小叶椭圆形，中央的一片较大，上面脉上疏生刚毛，下面无毛。伞形花序单个顶生；花小，淡黄绿色；萼片、花瓣、雄蕊均5；子房下位，2室，花柱2。浆果状核果，红色扁球形。分布于东北，现多栽培。根及根茎（人参）能大补元气，复脉固脱，补脾益肺，生津养血，安神益智。叶（人参叶）能补气，益肺，祛暑，生津。（图6-23）

图6-23 人参属植物

1. 人参 2. 西洋参 3. 三七

西洋参 P. quinquefolium L. 形态和人参相似，但本种的总花梗与叶柄近等长或稍长，小叶片上面脉上几无刚毛，边缘的锯齿不规则且较粗大而容易区别。原产加拿大和美国，我国部分省区引种栽培。根（西洋参）能补气养阴，清热生津。（图6-23）

三七 P. notoginseng（Burk.）F. H. Chen 为多年生草本。主根倒圆锥形或圆柱形，常有瘤状突起的分枝。掌状复叶，3~6枚轮生于茎顶；小叶3~7，常5枚，中央1枚较大，长椭圆形至卵状长椭圆形，两面脉上密生刚毛。伞形花序顶生；花萼、花瓣、雄蕊5；子房下位，2~3室。浆果状核果，熟时红色。分布于云南、广西、四川等地，多栽培。根及根茎（三七）能散瘀止血，消肿定痛。（图6-23）

常见的药用植物还有：细柱五加 Acanthopanax gracilistylus W. W. Smith 根皮（五加皮）能祛风除湿，补益肝肾，强筋壮骨，利水消肿。刺五加 A. senticosus（Rupr. et Maxim.）Harms 根和根茎或茎（刺五加）能益气健脾，补肾安神。通脱木 Tetrapanax Papyrifera（Hook.）K. Koch 茎髓（通草）能清热利尿，通气下乳。竹节参 Panax japonicus C. A. Mey. 根茎（竹节参）能散瘀止血，消肿止痛，祛痰止咳，补虚强壮。

13. 伞形科 Umbelliferae（Apiaceae）

草本，常含芳香油，肉质根。茎常中空，表面有纵棱。叶互生，多为复叶或羽状分裂，叶柄基部常膨大成鞘状。多为复伞形花序，各级花序常有苞片；花小，整齐，5基数，子房下位，2室，每室有1倒悬胚珠。双悬果。

我国约100属610种，分布于全国。已知药用55属234种。

【药用植物】

当归 *Angelica sinensis* (Oliv.) Diels 为多年生大型草本。根粗短，具香气。叶三出式羽状分裂或羽状全裂，最终裂片卵形或狭卵形。复伞形花序，花绿白色。双悬果椭圆形，背向压扁，每分果有5条果棱，侧棱延展成宽翅。主要栽培于甘肃东南部，以岷县最多，其次为云南、四川、陕西、湖北等省。根（当归）能补血活血，调经止痛，润肠通便。（图6-24）

川芎 *Ligusticum chuanxiong* Hort. 为多年生草本。根状茎呈不规则的结节状拳形团块，黄棕色，有浓香气。地上茎丛生，茎基部的节膨大成盘状（苓子），生有芽。叶为二至三回羽状复叶，小叶3~5对，不整齐羽状分裂。复伞形花序；花白色。双悬果卵形。分布于西南地区，多栽培。根茎（川芎）能活血行气，祛风止痛。（图6-25）

图6-24 当归（张新慧提供）　　　　图6-25 川芎（王光志提供）

柴胡 *Bupleurum chinense* DC. 为多年生草本。主根粗大而坚硬。茎多丛生，上部多分枝，略呈"之"字形弯曲。基生叶早枯，茎中部叶倒披针形至广线状披针形，全缘，宽6~18mm，平行脉7~9条。复伞形花序，花黄色。双悬果宽椭圆形。分布于东北、华北、西北、华东和华中。生长于向阳山坡路边、岸旁或草丛中。狭叶柴胡 *B. scorzonerifolium* Willd. 与柴胡的主要区别是：根较细，多不分枝，红棕色或黑棕色；茎生叶条形或条状披针形，宽2~6mm，平行脉3~5条。两者的根（柴胡）能疏散退热，疏肝解郁，升举阳气。（图6-26）

防风 *Saposhnikovia divaricata* (Turez.) Schischk. 为多年生草本。根长圆锥形，根头密被褐色纤维状的叶柄残基，并有细密环纹。茎二叉状分枝。基生叶二至三回羽状全裂，最终裂片条形至倒披针形。复伞形花序；伞辐 5 ~ 9；无总苞或仅 1 片；小总苞片 4 ~ 5；花白色。双悬果矩圆状宽卵形，幼时具瘤状突起。分布于东北、华东等地，生于草原或山坡。根（防风）能祛风解表，胜湿止痛，止痉。（图 6 – 27）

图 6 – 26　柴胡（许佳明提供）　　　图 6 – 27　防风（许佳明提供）

常见的药用植物还有：白芷 Angelica dahurica（Fisch. Ex Hoffm.）Benth. et Hook. f. 和杭白芷 A. dahurica（Fisch. ex Hoffm.）Benth. et Hook. f. var. formosana（Boiss.）Shan et Yuan 根（白芷）能解表散寒，祛风止痛，宣通鼻窍，燥湿止带，消肿排脓。珊瑚菜 Glehnia littoralis F. Schmidt et. Miq. 根（北沙参）能养阴清肺，养胃生津。重齿毛当归 Angelica pubescens Maxim. f. biserrata Shan et Yuan 根（独活）能祛风除湿，通痹止痛。藁本 Ligusticum sinense Oliv. 和辽藁本 L. jeholense Nakai et Kitagawa 根茎和根（藁本）能祛风散寒，除湿止痛。羌活 Notopterygium incisum Ting ex H. T. Chang 和宽叶羌活 N. forbesii de Boiss. 根和根茎（羌活）能解表散寒，祛风除湿，止痛。芫荽 Coriandrum sativum L. 茎叶作蔬菜和调香料，并有健胃消食作用；全草和果实能发表透疹，消食利气。茴香 Foeniculum vulgare Mill. 在我国各省区都有栽培，嫩叶可作蔬菜食用或作调味用，果实（小茴香）能散寒止痛，理气和胃。

（二）合瓣花亚纲 Sympetalae

合瓣花亚纲又称后生花被亚纲，重被花，花瓣多少连合；花丝常与花冠贴合或多少愈合；通常无托叶；胚珠具一层珠被。

14. 木犀科 Oleaceae

木本。叶常对生。花整齐，多两性，花被常 4 裂；雄蕊常 2；子房上位，2 心皮，2 室，每室常 2 胚珠。蒴果、翅果、核果或浆果。

我国约 10 属 160 种，分布于全国。已知药用的有 8 属 89 种。

【药用植物】

连翘 *Forsythia suspensa* (Thunb.) Vahl. 为落叶灌木，茎直立，枝条下垂，嫩枝具 4 棱，节间中空。单叶对生，叶片完整或 3 全裂，卵形或长椭圆状卵形。春季先叶开花 1 ~ 3 朵，簇生叶腋；花两性，辐射对称；花萼 4，深裂；花冠黄色钟状，4 深裂，花冠管内有橘红色条纹。雄蕊 2，子房上位，2 室。蒴果狭卵形，木质，表面有瘤状皮孔。种子多数，有翅。分布于东北、华北、西北等地，生于荒野山坡或者栽培。果实（连翘）能清热解毒，消痈散结，疏散风热。（图 6 - 28）

图 6 - 28 连翘

白蜡树（梣）*Fraxinus chinensis* Roxb. 为落叶乔木，叶对生，单数羽状复叶，小叶 3 ~ 9，常为 7，椭圆形或椭圆状卵形。圆锥花序侧生或顶生；花萼钟状，不规则分裂；无花冠。翅果倒披针形。分布于我国南北大部分地区，生于山间向阳坡地湿润处。有栽培，以养殖白蜡虫生产白蜡。苦枥白蜡树（花曲柳）*F. rhynchophylla* Hance、尖叶白蜡树（尖叶梣）*F. szaboana* Lingelsh. 和宿柱白蜡树（宿柱梣）*F. stylosa* Lingelsh. 上述 4 种植物的枝皮和干皮（秦皮）能清热燥湿，收涩止痢，止带，明目。（图 6 - 29）

常见的药用植物还有：女贞 *Ligustrum lucidum* Ait. 果实（女贞子）能滋补肝肾，明目乌发。

图 6 - 29 白蜡树

15. 龙胆科 Gentianaceae

草本。单叶对生，全缘，无托叶。聚伞花序或单生；花两性，辐射对称；花萼筒状，常 4～5 裂；花冠筒状、漏斗状、辐状，常 4～5 裂，多旋转状排列；雄蕊与花冠裂片同数且互生，生于花冠管上；子房上位，2 心皮，1 室，侧膜胎座，胚珠多数。蒴果 2 瓣裂，种子多数。

我国约 20 属 400 种，各省均产，西南高山地区种类较多。已知药用的有 15 属 108 种。

【药用植物】

龙胆 Gentiana scabra Bge. 为多年生草本，根细长，簇生，味苦。茎直立，单叶对生，无柄，叶片卵形，全缘。聚伞花序密生于茎顶或叶腋，花冠蓝紫色，管状钟形，5 浅裂，裂片间具短三角形的褶；萼片 5，深裂。雄蕊 5，花丝基部有翅。子房上位，1 室。蒴果长圆形，种子具翅。分布于东北及华北等地，生于草地、灌木丛。条叶龙胆 G. manshurica Kitag.、三花龙胆 G. triflora Pall.、滇龙胆 G. rigescens Franch. 上述 4 种植物的根及根茎（龙胆）能清热燥湿，泻肝胆火。（图 6 - 30）

秦艽 Gentiana macrophylla Pall. 为多年生草本，茎基部有残叶的纤维，主根粗大。基生叶簇生，茎生叶对生，常为矩圆状披针形，5 条弧形脉。聚伞花序顶生或腋生。花萼一侧开展，膜质。蓝紫色管状花冠，先端 5 裂。雄蕊 5。蒴果，无柄。分布于西北、华北、东北及四川等地，生于高山草地及林缘。同属植物粗茎秦艽 G. crassicaulis Duthie ex Burk.、麻花秦艽 G. straminea Maxim.、小秦艽（达乌里秦艽）G. dahurica Fisch. 上述 4 种植物的根（秦艽）能祛风湿，清湿热，止痹痛，退虚热。（图 6 - 31）

图 6 - 30　龙胆（许亮提供）

图 6 - 31　秦艽（白吉庆提供）

常见的药用植物还有：红花龙胆 Gentiana rhodantha Franch. ex Hemsl. 全草（红花龙胆）能清热燥湿，解毒，止咳。青叶胆 Swertia mileensis T. N. Ho et W. L. Shi 全草（青叶

胆）能清肝利胆，清热利湿。

16. 萝藦科 Asclepiadaceae

草本、藤本或灌木，有乳汁。单叶对生，少轮生，叶柄顶端常具腺体。聚伞花序；花两性，辐射对称；萼筒短，5 裂；花冠辐状或坛状，常具副花冠，由 5 枚离生或基部合生的裂片或鳞片组成，生于花冠筒上、雄蕊背部或合蕊冠上；雄蕊 5，与雌蕊贴生成中心柱，称合蕊柱；花丝合生成管包围雌蕊，称合蕊冠；或花丝离生。花药合生成一环而贴生于柱头基部的膨大处，花粉常黏合成花粉块。子房上位，心皮 2，离生；花柱 2，顶端合生，柱头膨大，常与花药合生。蓇葖果双生，或因 1 个不育而单生。种子多数，顶端有白色丝状长毛。

我国约 45 属 270 种，分布于全国，以西南、华南最集中。已知药用的有 33 属 112 种。

【药用植物】

徐长卿 Cynanchum paniculatum（Bge.）Kitag. 为多年生草本。茎不分枝，无毛或被微毛。叶对生，纸质，披针形至线形，两端急尖，两面无毛或上面具疏柔毛，叶缘反卷有睫毛。圆锥花序近顶腋生；花萼内面有或无腺体；花冠黄绿色，近辐射状；副花冠裂片 5，顶端钝；子房椭圆形，柱头五角形，顶端略突起。蓇葖果单生，披针状。种子长圆形，顶端具白绢质毛。主产于江苏、浙江、安徽、山东，生于阳坡草丛中。根和根茎（徐长卿）能祛风，化湿，止痛，止痒。（图 6 - 32）

图 6 - 32　徐长卿　　　　　　　图 6 - 33　白薇（王海提供）

白薇 Cynanchum atratum Bunge 为多年生草本，有白色乳汁，全株被绒毛。根须状，有香气。茎中空，直立，一般不分枝。叶具短柄，对生，卵状椭圆形至广卵形，全缘。伞形花序腋生，小花柄短，花为黑紫色。花萼 5，深裂，裂片披针形。雄蕊 5，雌蕊由 2 心皮组成，两心皮略连合，子房上位。蓇葖果角状。种子多数，一端有长毛。分布于南北各省，生于林下草地。蔓生白薇 *C. versicolor* Bge. 植物体不含乳汁，茎上部缠绕；花小，初黄绿色，后渐变为暗紫色。二者根和根茎（白薇）能清热凉血，利尿通淋，解毒疗疮。（图6－33）

常见的药用植物还有：芫花叶白前 *Cynanchum glaucescens*（Decne.）Hand. - Mazz.、柳叶白前 *C. stauntonii*（Decne.）Schltr. ex Levl. 二者的根和根茎（白前）能降气，消痰，止咳。杠柳 *Periploca sepium* Bunge 根皮（香加皮）能利水消肿，祛风湿，强筋骨。

17. 唇形科 Labiatae

多为草本，含芳香油，茎常四棱。单叶对生，稀轮生或互生，无托叶。腋生聚伞花序多组成轮伞花序，再复合成总状或穗状花序；宿萼，唇形花冠，冠筒内常有毛环；雄蕊2强或2枚；子房上位，2心皮，常4深裂形成假4室，每室1胚珠，花柱着生于4裂子房的底部。4小坚果。

我国有99属808种，分布于全国。已知药用的有75属436种。

【药用植物】

丹参 *Salvia miltiorrhiza* Bunge 为多年生草本，全株密被长柔毛及腺毛，触之有黏性。根肥壮粗大，外皮砖红色。单数羽状复叶对生，小叶常3～5，卵圆形或狭卵形，上面有皱，下面毛较密，边缘有齿。轮伞花序排列成假总状花序。花冠紫色，管内有毛环，上唇似盔状，下唇3裂。能育雄蕊2，药室为一长而柔软的药隔所远隔。小坚果长椭圆形。分布于全国大分部地区，生于山坡、荒野、沟边，多栽培。根及根茎（丹参）能活血祛瘀，通经止痛，清心除烦，凉血消痈。（图6－34）

图6－34 丹参（白吉庆提供）　　图6－35 黄芩（许佳明提供）

黄芩 *Scutellaria baicalensis* Georgi 为多年生草本。主根肥厚，断面黄绿色。茎基部多分枝。单叶具短柄，对生，披针形至条状披针形。总状花序顶生，花偏于一侧，花冠紫色、紫红色至蓝紫色，基部明显弯曲。花萼2唇形，2裂。小坚果卵球形。分布于北方各省区，生于向阳草坡地及草原，多栽培。根（黄芩）能解热燥湿，泻火解毒，止血，安胎。（图6－35）

常见的药用植物还有：广藿香 *Pogostemon cablin*（Blanco）Benth 地上部分（广藿香）能芳香化浊，和中止呕，发表解暑。薄荷 *Mentha haplocalyx* Briq. 地上部分（薄荷）能疏散风热，清利头目，利咽，透疹，疏肝行气。益母草 *Leonurus artemisia*（Lour.）S. Y. Hu 地上部分（益母草）能活血调经，利尿消肿，清热解毒；果实（茺蔚子）能活血调经，清肝明目。紫苏 *Perilla frutescens*（L.）Britt. 果实（紫苏子）能降气消痰，平喘，润肠；叶及嫩枝（紫苏叶）能解表散寒，行气和胃；茎（紫苏梗）能理气宽中，止痛，安胎。夏枯草 *Prunella vulgaris* L. 果穗（夏枯草）能清肝泻火，明目，散结消肿。荆芥 *Schizonepeta tenuifolia* Briq. 地上部分（荆芥）或花穗（荆芥穗）能解表散风，透疹，消疮。半枝莲 *Scutellaria barbata* D. Don 全草（半枝莲）能清热解毒，化瘀利尿。冬凌草（碎米桠）*Rabdosia rubescens*（Hemsl.）Hara 地上部分（冬凌草）能清热解毒，活血止痛。毛叶地瓜儿苗 *Lycopus lucidus* Tilrcz. var. *hirtus* Regel 地上部分（泽兰）能活血调经，祛瘀消痈，利水消肿。石香薷 *Mosla chinensis* Maxim.、江香薷 *M. chinensis* 'Jiangxiangru' 二者的地上部分（香薷）能发汗解表，化湿和中。

18. 茄科 Solanaceae

草本或木本，直立或蔓生。单叶互生，或大小叶假对生，稀复叶，无托叶。花两性，整齐，单生或聚伞花序，5基数，宿存花萼常花后增大；花药常孔裂；心皮2，中轴胎座，胚珠多数。浆果或蒴果。

我国有26属115种，分布于全国。已知药用的有25属84种。

【药用植物】

宁夏枸杞 *Lycium barbarum* L. 为灌木，主枝数条，粗壮，果枝细长，具枝刺。叶互生或丛生，长椭圆状披针形或卵状矩圆形。花常2~6朵簇生于短枝上；花萼杯状，2~3裂；花冠漏斗状，5裂，粉红色或淡紫色，花冠管长于裂片，裂片无缘毛；雄蕊5。浆果椭圆形，熟时红色。分布于西北、华北，主产于宁夏，生于向阳潮润沟岸及山坡。各地有引种。果实（枸杞子）能补肝益肾，益精明目。枸杞 *L. chineise* Mill. 和宁夏枸杞的根皮（地骨皮）能凉血除蒸，清肺降火。（图6－36）

白花曼陀罗 *Datura metel* L. 为一年生粗壮草本，全体近无毛。单叶互生，卵形或宽卵形，叶基不对称，全缘或有波状齿。花单生于枝杈间或叶腋；花萼筒状，顶端5裂；花冠白色，漏斗状，具5棱，上部5裂；雄蕊5；蒴果斜生，近球形，表面有稀疏短粗刺，成熟时 4 瓣裂。宿存萼筒基部呈浅盘状。我国各地有分布，栽培或野生。花（洋金花）能平喘止咳，解痉定痛，有毒。（图 6-37）

常见的药用植物还有：莨菪 *Hyoscyamus niger* L. 种子（天仙子）能解痉止痛，平喘，安神。酸浆 *Physalis alkekengi* L. 广布于全国各地；宿萼或带果实的宿萼（锦灯笼）能清热解毒，利咽化痰，利尿通淋。漏斗泡囊草 *Physochlaina infundibularis* Kuang 根（华山参）能温肺祛痰，平喘止咳，安神镇惊。

图 6-36　宁夏枸杞（张新慧提供）

图 6-37　白花曼陀罗（晁志提供）

19. 玄参科 Scrophulariaceae

常为草本，稀乔木。叶多对生，少互生或轮生，无托叶。花两性，多不整齐，排成各种花序；花被 4 或 5，多宿萼，合瓣花，常唇形；雄蕊常 4，二强；心皮 2，2 室，子房上位，中轴胎座，胚珠常多数。蒴果，常有宿存的花柱。

我国有 61 属 680 余种，分布于全国，主产西南。已知药用的有 45 属 233 种。

【药用植物】

玄参 *Scrophularia ningpoeusis* Heunsl. 为多年生草本。根粗大，数条簇生，圆锥形或纺锤形，灰黄褐色。茎方形。下部叶对生，上部叶有时互生；叶片卵形至卵状披针形，边缘有细锯齿。聚伞花序集成疏散圆锥状；花萼 5 裂；花冠斜壶状，褐紫色，5 裂，上唇稍长；雄蕊 4，二强，退化雄蕊近于圆形，贴在花冠管上。蒴果卵形。分布于华东、中南等地区，生于溪边、丛林及草丛中。根（玄参）能清热凉血，滋阴降火，解毒散结。（图 6-38）

地黄 *Rehmannia glutinosa* Libosch. 为多年生草本，全株密被灰白色柔毛及腺毛。根肥大块状，鲜时黄色。叶基生，密集成莲座状，叶片倒卵形或长椭圆形，上面绿色多皱，下面带紫色。总状花序顶生；花冠管稍弯曲，外面紫红色，里面有黄色带紫的条纹，略呈二唇形，上端5浅裂；雄蕊4，二强；子房上位，2室。蒴果卵形。全国多数地区有栽培，主产于河南、浙江、江苏等地。块根入药，鲜地黄能清热生津，凉血止血；生地黄能清热凉血，养阴生津；熟地黄能补血滋阴，益精填髓。（图6-39）

图6-38 玄参

图6-39 地黄

常见的药用植物还有：胡黄连 *Picrorhiza scrophulariiflora* Pennell 根茎（胡黄连）能除湿热，退骨蒸，消疳热。阴行草 *Siphonostegia chinensis* Benth. 全草（北刘寄奴）能清利湿热，凉血祛瘀。苦玄参 *Picria felterrae* Lour. 全草（苦玄参）能清热解毒，消肿止痛。

20. 忍冬科 Caprifoliaceae

常为木本。单叶，常对生，无托叶。多为聚伞花序，花两性，辐射对称或两侧对称，4或5基数；子房下位。浆果或核果，少蒴果。

我国有12属200余种，分布于全国。已知药用的有9属100余种。

【药用植物】

忍冬 *Lonicera japonica* Thunb. 为多年生半常绿缠绕藤本。茎中空，多分支，老枝外表棕褐色，幼茎密生短柔毛和腺毛。叶对生，卵形至长卵状椭圆形，两面被短毛。花成对腋生；苞片叶状，卵形，2枚，长达2cm；萼5齿裂，无毛；花冠二唇形，白色，后转黄色，故有"金银花"之称，芳香，外面有柔毛和腺毛，上唇4裂，下唇反卷不裂；雄蕊5；子房下位。浆果球形，黑色。全国大部分地区有分布，主产于山东、河南，生于山坡灌丛中，有栽培。花蕾（金银花）能清热解毒，疏散风热；茎枝（忍冬藤）能清热解毒，疏风通络。（图6-40）

常见的药用植物还有：华南忍冬 *L. confusa*（Sweet）DC.（图 6 - 41）、红腺忍冬 *L. hypoglauca Miq.*、灰毡毛忍冬 *L. macranthoides* Hand. – Mazz.、黄褐毛忍冬 *L. fulvotomentosa* Hsu et S. C. Cheng，上述 4 种植物的花蕾（山银花）能清热解毒，疏散风热。

图 6 - 40　忍冬

图 6 - 41　华南忍冬

21. 葫芦科 Cucurbitaceae

草质藤本，常有卷须。叶互生，常掌状分裂。花单性，雌雄同株或异株；萼片、花瓣各为 5 枚，合瓣或分离，雄蕊 5，常两两联合，一个分离，花药常弯曲成 S 形；雌蕊 3 心皮合生，子房下位，侧膜胎座，胚珠多数。瓠果。

我国有 35 属 150 余种，分布于全国。已知药用的有 25 属 92 种。

【药用植物】

栝楼 *Trichosanthes kirilowii* Maxim. 为草质藤本。块根肥厚，圆柱状。叶通常近心形，雌雄异株；雄花数朵排成总状花序，雄蕊 3 枚；雌花单生；瓠果椭圆形；种子扁平，卵状椭圆形，光滑，近边缘有一圈棱线。分布于华北、西北及江苏、浙江、山东等地。中华栝楼 *T. rosthornii* Harms 叶通常 5 深裂，裂片宽卵状浅心形；种子较大，深棕色。分布于西南、中南、陕西、甘肃等地。二者果实（瓜蒌）能清热化痰，宽胸散结，润燥滑肠；果皮（瓜蒌皮）能清热化痰，利气宽胸；种子（瓜蒌子）能润肺化痰，滑肠通便；根（天花粉）能清热泻火，生津止渴，消肿排脓。（图 6 - 42）

罗汉果 *Siraitia grosvenorii*（Swingle）C. Jeffrey ex Lu et Z. Y. Zhang 为多年生草质攀缘藤本。根块状。卷须 2 裂几达基部。叶心状卵形。雌雄异株。全株被短柔毛。瓠果淡黄色，干后呈黑褐色。分布于华南地区。果实（罗汉果）能清热润肺，利咽开音，润肠通便。（图 6 - 43）

常见的药用植物还有：木鳖 *Momordica cochinchinensis*（Lour.）Spreng. 种子（木鳖子）能散结消肿，攻毒疗疮。丝瓜 *Luffa cylindrica*（L.）Roem. 成熟果实内的维管束（丝瓜络）能祛风，通络，活血，下乳。土贝母 *Bolbostemma paniculatum*（Maxim.）Franquet 块茎

（土贝母）能解毒，散结，消肿。

图 6-42　栝楼（郭庆梅提供）　　　　　图 6-43　罗汉果（韦松基提供）

22. 桔梗科 Campanulaceae

草本，常具乳汁。单叶互生，少为对生或轮生，无托叶。花两性，辐射对称或两侧对称，总状、聚伞或圆锥花序，有时单生；花萼常 5 裂，宿存；花冠钟状或管状，5 裂；雄蕊 5，雌蕊常由 2～5 心皮合生，子房下位或半下位，2～5 室，中轴胎座。蒴果，少浆果。

我国 16 属 160 余种，分布于全国，以西南为多。已知药用的有 13 属 111 种。

【药用植物】

桔梗 *Platycodon grandiflorum*（Jacq.）A. DC. 为多年生草本，有乳汁，全株光滑无毛。根长圆锥形，肉质，乳白色。单叶互生、对生或轮生；叶片卵状椭圆形，背面灰绿色。花单生或数朵生于枝端，成疏散总状花序；萼 5 裂，宿存；花冠阔钟形，深蓝色；雄蕊 5，花丝基部变宽；子房半下位，5 室，花柱 5 裂。蒴果，顶部 5 瓣裂。广布于南北各地，生于山坡草地或林缘。根（桔梗）能宣肺，利咽，祛痰，排脓。（图 6-44）

图 6-44　桔梗　　　　　　　　　　图 6-45　党参

党参 *Codonopsis pilosula*（Franch.）Nannf 为多年生缠绕草质藤本，具特异臭气，含乳汁。根圆柱形，顶端膨大，具多数芽和瘤状茎痕，向下有横环纹。叶互生，常为卵形，基部近心形，两面有毛。花单生枝顶；花萼 5 齿裂；花冠黄绿色，略带紫晕，阔钟形，先端 5 裂；雄蕊 5；子房半下位，3 室。蒴果。分布于东北、西北及华北地区，生于林边或灌丛中。多有栽培，主产山西、甘肃等地。素花党参 *C. pilosula* Nannf. var. *modesta*（Nannf.）L. T. Shen 全体近于光滑无毛，花萼裂片较小；川党参 *C. tangshen* Oliv. 叶基部楔形或较圆钝。三者根（党参）能健脾益肺，养血生津。（图 6 - 45）

沙参 *Adenophora stricta* Miq. 为多年生草本，具白色乳汁。根呈胡萝卜状。茎生叶互生，无柄，狭卵形。茎、叶、花萼均被短硬毛。花序狭长；花 5；花冠钟状，蓝紫色；花丝基部边缘被毛；花盘宽圆筒状；子房下位，花柱与花冠近等长。蒴果。分布于四川、贵州、广西、湖南、湖北、河南、陕西、江西、浙江、安徽、江苏，生于山坡草丛中。轮叶沙参 *A. tetraphylla*（Thunb.）Fisch. 常 4 叶轮生，叶片椭圆形或披针形，边缘有锯齿，两面疏被柔毛。二者根（南沙参）能养阴清肺，益胃生津，化痰，益气。（图 6 - 46，图 6 - 47）

图 6 - 46　沙参

图 6 - 47　轮叶沙参

常见的药用植物还有：半边莲 *Lobellae chinensis* Lour. 全草（半边莲）能清热解毒，利尿消肿。

23. 菊科 Compositae

多草本，有的具乳汁。叶常互生，无托叶。头状花序常集生成各种复合花序，有总苞；花序中全为管状花或舌状花，或外围为舌状花（称边花），中央为管状花（称盘花）。

花小，两性，少单性，或无性；花萼退化成冠毛状、刺状、鳞片状，或缺；花冠管状、舌状；雄蕊5，稀4，花丝分离，花药合生成聚药雄蕊，呈管状，花柱从其管中穿过，露出2裂的柱头；子房下位，2心皮合生1室，1胚珠。连萼瘦果（与瘦果区别在于有花托或萼管参与果实形成，又称菊果）。

菊科是被子植物第一大科，1600余属约24000种，广布全球，主产温带地区。我国近250属2300余种，分布于全国。已知药用的有155属778种。

根据管状花的有无，菊科分为2个亚科：

（1）管状花亚科　头状花序全由管状花组成，或由舌状的边花和管状的盘花组成；植物体无乳汁。

（2）舌状花亚科　头状花序全由舌状花组成；植物体具乳汁。

【药用植物】

菊 *Dendranthema morifolium*（Ramat.）Tzvel. 为多年生草本，基部木质，全株具白色绒毛。叶互生；叶片卵圆形至披针形，边缘有粗大锯齿或成羽状深裂。头状花序总苞片多层，边缘膜质；外围舌状花雌性，多为白色；中央管状花两性，黄色，基部常具膜质托片。瘦果无冠毛。全国各地均有栽培，主产于安徽（滁菊、贡菊、亳菊）、浙江（杭菊）、河南（怀菊）等地。头状花序（菊花）能散风清热，平肝明目，清热解毒。同属植物野菊 *D. indicum*（L.）Des Moul. 头状花序小，黄色。全国均有野生，花序（野菊花）能清热解毒，泻火平肝。（图6-48）

图6-48　菊与野菊

1、2. 菊　3. 野菊

红花 *Carthamus tinctorius* L. 为一年生草本。叶缘裂齿具尖刺或无刺；头状花序全为管状花，瘦果无冠毛。全国各地有栽培，有不少栽培品种。花（红花）能活血通经，散瘀止痛。（图6-49）

白术 *Atractylodes maceocephala* Koidz. 为多年生草本。根状茎肥大，略呈骨状，有不规则分枝。叶具长柄，3裂，稀羽状5深裂，裂片椭圆形至披针形，边缘有锯齿。头状花序

图 6 - 49　红花

直径 2.5~3.5cm；苞片叶状，羽状分裂刺状；全为管状花，紫红色。瘦果密被柔毛，冠毛羽状。分布于陕西、湖北、湖南、江西、浙江，生于山坡林地，亦多栽培。根茎（白术）能健脾益气，燥湿利水，止汗，安胎。（图 6 - 50）

图 6 - 50　白术（刘长利提供）

茅苍术 *Atractylodes lancea* （Thunb.） DC. 为多年生草本。根状茎粗肥，结节状，横断面有红棕色油点，具香气。叶无柄，下部叶常 3 裂，2 侧裂片较小，顶裂片大，卵形。头状花序直径 1~2cm，花冠白色，而与白术区别。分布于山西、四川、山东、湖北、江苏、安徽、浙江，生于山坡灌丛、草丛中。北苍术 *A. chinensis*（DC.）Koidz 叶片较宽，卵形或狭卵形，一般羽状 5 浅裂，边缘有不连续的刺状牙齿。产黄河以北。二者根茎（苍术）能燥湿健脾，祛风散寒，明目。（图 6 – 51）

图 6 – 51　茅苍术（王海提供）

常见的药用植物还有：牛蒡 *Arctium lappa* L. 果实（牛蒡子）能疏散风热，宣肺透疹，解毒利咽。艾 *Artemisia argyi* Leul. et Vant. 叶（艾叶）能温经止血，散寒止痛；外用祛湿止痒。黄花蒿 *A. annua* L. 的地上部分（中药习称"青蒿"）能清虚热，除骨蒸，解暑热，截疟，退黄；含青蒿素，为抗疟活性成分。青蒿 *A. carvifolia* Buch. – Ham. ex Roxb. 能清热，凉血，退蒸，解暑，祛风，止痒；但不含"青蒿素"，无抗疟作用。茵陈蒿 *Artemisia capillaris* Thunb. 和滨蒿 *A. scoparia* Waldst. et Kit. 地上部分（茵陈）能清利湿热，利胆退黄。紫菀 *Aster tataricus* L. f. 根和根茎（紫菀）能润肺下气，消痰止咳。蓟 *Cirsium japonicum* Fisch. ex DC. 地上部分（大蓟）能散瘀消肿，凉血止血。小蓟 *C. setosum*（Willd.）MB. 地上部分（小蓟）能凉血止血，散瘀解毒消痈。木香 *Aucklandia lappa* Decne. 根（木香）能行气止痛，健脾消食。川木香 *Dolomiaea souliei*（Franch.）Shih 和灰毛川木香 *D. souliei*（Franch.）Shih var. *mirabilis*（Anth.）Shih 的根（川木香）能行气止痛。土木香 *Inula helenium* L. 根（土木香）能健脾和胃，行气止痛，安胎。旋覆花 *I. japonica* Thunb. 头状花序（旋覆花）能降气，消痰，行水，止呕；地上部分（金沸草）能降气，消痰，行水。苍耳 *Xanthium sibiricum* Patr. et Widd. 带总苞果实（苍耳子）能散风寒，通鼻窍，祛风湿。豨莶 *Siegesbeckia orientalis* L. 地上部分（豨莶草）能祛风湿，利关节，解毒。蒲公英 *Taraxacum mongolicum* Hand. – Mazz. 全草（蒲公英）能清热解毒，消肿散结，利尿通淋。款冬 *Tussilago farfara* L. 花蕾（款冬花）能润肺下气，止咳化痰。一枝黄花 *Solidago decurrens* Lour. 全草（一枝黄花）能清热解毒，疏散风热。千里光 *Senecio scandens* Buch. –

Ham. ex D. Don 地上部分（千里光）能清热解毒，明目，利湿。水飞蓟 *Silybum marianum* (L.) Gaertn. 果实（水飞蓟）能清热解毒，疏肝利胆。短葶飞蓬 *Erigeron breviscapus* (Vant.) Hand. – Mazz. 全草（灯盏细辛、灯盏花）能活血通络止痛，祛风散寒。天名精 *Carpesium abrotanoides* L. 果实（鹤虱）能杀虫消积。佩兰 *Eupatorium fortunei* Turcz. 的地上部分（佩兰）能芳香化湿，醒脾开胃，发表解暑。

二、单子叶植物纲 Monocotyledoneae

24. 禾本科 Gramineae

草本或木本。茎圆柱形，节明显，节间常中空，特称为秆。单叶互生，2 列；常由叶片、叶鞘和叶舌组成；叶片常带形或披针形，基部直接着生在叶鞘顶端，叶鞘常开裂，常有叶舌或叶耳；在叶片和叶鞘连接处常有膜质薄片，称为叶舌；在叶鞘顶端的两侧各有一附属物，称为叶耳。花序以小穗为基本单位，小穗再组成各式复合花序；小穗轴基部的苞片称为颖，常 2 枚，分别称为外颖和内颖；花常两性，小穗轴上具花 1 至多数；小花基部的苞片称为稃，2 枚，分别称为外稃和内稃；花被片退化为鳞被，称为浆片，常 2～3 枚；雄蕊多为 3～6 枚，少为 1 枚，花药常丁字状着生；雌蕊 1，子房上位，2 心皮 1 室 1 胚珠，花柱 2～3，柱头羽毛状。颖果，种子有丰富胚乳。（图 6 - 52）

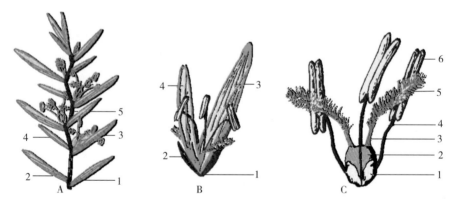

图 6 - 52 禾本科植物小穗、小花及花的构造

A. 小穗解剖：1. 外颖 2. 内颖 3. 外稃 4. 内稃 5. 小穗轴

B. 小花：1. 基部 2. 小穗轴节间 3. 外稃 4. 内稃

C. 花的解剖：1. 鳞被 2. 子房 3. 花柱 4. 花丝 5. 柱头 6. 花药

我国有 228 属近 1800 种，分布于全国。已知药用的有 85 属 173 种。

本科分为竹亚科和禾亚科。竹亚科为木本，禾亚科为草本。秆木质，枝条的叶具短柄，是竹亚科与禾亚科的主要区别。

【药用植物】

薏苡 *Coix lacryma – jobi* L. var. *ma – yuen*（Roman.）Stapf 为一年或多年生草本，高 1～1.5m。秆直立。叶互生，条状披针形，具叶舌。花单性同株，总状花序束状腋生；小穗单性；雄小穗自球形骨质总苞中抽出，排列于总状花序上部；雌小穗具 2～3 雌花，包于球形骨质总苞中，仅 1 枚发育。颖果成熟时，包藏于光滑球形灰白色的总苞内。全国各地栽培及野生。种子（薏苡仁）能利水渗湿，健脾止泻，除痹，排脓，解毒散结。（图 6－53）

图 6－53 薏苡

淡竹 *Phyllostachys nigra*（Lodd.）Munro var. *henonis*（Mitf.）Stapf ex Rendle 为乔木状；高 6～18m，直径约 2.5cm，秆环及箨环隆起明显；箨鞘黄绿色至淡黄色，具黑色斑点和条纹，箨叶长披针形；小枝具 1 至 5 枚普通叶，叶片狭披针形。分布于长江流域，生于丘陵、平原。青秆竹 *Bambusa tuldoides* Munro、大头典竹 *Sinocalamus beecheyanus*（Munro）McClure var. pubescens P. F. Li 和淡竹的茎秆的中间层（竹茹）能清热化痰，除烦，止呕。（图 6－54）

图 6－54 淡竹

图 6－55 淡竹叶

淡竹叶 *Lophatherum gracile* Brongn. 为草本。根状茎短缩而稍木质化。须根稀疏，其近顶端或中部常肥厚呈纺锤形的块根。叶片宽披针形，平行脉间有明显的横脉连接呈方格状。圆锥花序顶生；小穗疏生于花序轴上；每小穗有花数朵，仅第一花为两性，其余皆退化，仅有稃片，外稃先端具短芒。分布于长江以南地区。茎叶（淡竹叶）能清热泻火，除烦止渴，利尿通淋。（图 6 - 55）

常见的药用植物还有：青皮竹 *Bambusa textilis* McClure 和华思劳竹 *Schizostachyum chinense* Rendle 秆内的分泌液干燥后的块状物（天竺黄）能清热豁痰，凉心定惊。白茅 *Imperata cylindrica* Beauv. var. *major*（Nees）C. E. Hubb. 根茎（白茅根）能凉血止血，清热利尿。芦苇 *Phragmites communis* Trin. 根茎（芦根）能清热泻火，生津止咳，除烦，止呕，利尿。大麦 *Hordeum vulgare* L. 发芽颖果称"麦芽"，能行气消食，健脾开胃，回乳消胀。稻 *Oryza sativa* L. 发芽颖果称"稻芽"，能消食和中，健脾开胃。

25. 天南星科 Araceae

草本，常具块茎或根茎。单叶或复叶，常基生，叶柄基部常有膜质鞘，叶脉网状。花小，两性或单性，辐射对称；佛焰花序；单性花同株或异株，同株时雌花生于花序下部，雄花生于花序上部，两者间常有无性花相隔；无花被；雄蕊 1～6，常愈合成雄蕊柱，少分离；两性花具花被片 4～6，鳞片状，雄蕊与其同数而互生，雌蕊子房上位，1 至数心皮成 1 至数室，每室 1 至数枚胚珠。浆果，密集于花序轴上。

我国近 30 属 180 余种，多分布于西南、华南地区。已知药用的有 22 属 106 种。

【药用植物】

天南星 *Arisaema erubescens*（Wall.）Schott 为草本。块茎扁球形。仅具 1 叶，有长柄，基生，叶片 7～24 裂，放射状排列于叶柄顶端，裂片披针形，末端延伸成丝状。雌雄异株，肉穗花序由叶柄鞘部抽出，佛焰苞由顶端张开，里面具紫斑，先端细丝状，花序附属体棒状。浆果红色，排列紧密。我国多数省区有分布。东北天南星 *A. amurense* Maxim. 叶片全裂为 3～5 片，倒卵形或广卵形，花序顶端附属物呈棍棒状。异叶天南星 *A. heterophfllum* Blume 叶片鸟趾状全裂，倒披针形或窄长圆形，裂片 11～19，中间 1 片较小，花序顶端附属物呈鼠尾状。三者块茎（天南星）能散结消肿；炮制后（制天南星）能燥湿化痰，祛风止痉，散结消肿。（图 6 - 56）

图 6 - 56　天南星（王海提供）

半夏 *Pinellia ternata*（Thunb.）Breit. 为多年生草

本。块茎扁球形。叶基生，异型，第1年为单叶，卵状心形；2～3年生叶为3全裂；基部有珠芽。佛焰苞绿色，雄花和雌花之间为不育部分，花序轴顶端附属体青紫色，伸于佛焰苞外呈鼠尾状。浆果绿色。全国均有分布。块茎（半夏）能燥湿化痰，降逆止呕，消痞散结。（图6-57）

图6-57 半夏

常见的药用植物还有：石菖蒲 Acorus tatarinowii Schott 根茎（石菖蒲）能开窍豁痰，醒神益智，化湿开胃。独角莲 Typhonium giganteum Engl. 块茎（白附子）能祛风痰，定惊搐，解毒散结，止痛。千年健 Homalomena occulta （Lour.） Schott 根茎（千年健）能祛风湿，壮筋骨。

26. 百合科 Liliaceae

多年生草本，稀灌木或亚灌木，常具根茎、块茎或鳞茎。单叶互生或基生，少对生或轮生。穗状、总状或圆锥花序；花两性，辐射对称；花被片6，花瓣状，排成两轮，分离或合生；雄蕊6；子房上位，3心皮合生成3室，中轴胎座，每室胚珠多数。蒴果或浆果。

我国近60属330余种，各地均产，以西南地区种类较多。已知药用的有46属359种。

【药用植物】

百合 Lilium brownii F. E. Brown var. virdulum Baker 为多年生草本。鳞茎近球形，白色，见光后变为紫红色，鳞片披针形至阔卵形。茎直立，叶互生，倒披针形。花单生或数朵排列成伞形花序；花喇叭状，乳白色外部稍紫色，芳香，先端外弯。花被6，雄蕊6，雌蕊1，子房3室。蒴果。分布于华北、华南、西南，生于山坡、草地，多栽培。卷丹 L. lancifolium Thunb. 茎带紫色，常具深紫色至深褐色的斑点，被白色毛；叶条状披针形，中部以上的叶腋有黑紫色的珠芽（小鳞茎）。花橙红色至朱红色，内面具黑紫色斑点，花被强烈反卷；花药淡紫色，花粉粒红色。细叶百合（山丹）L. pumilum DC. 叶片条形；花鲜红色，无斑点或有时仅在内面近基部有少数黑色斑点。三者肉质鳞叶（百合）能养阴润

肺，清心安神。（图6-58，图6-59）

图6-58 卷丹

图6-59 山丹

黄精 *Polygonatum sibiricum* Delar. ex Red. 为多年生草本。根状茎横走，肥大肉质，通常一端较粗，另一端较细，形似鸡头，故称鸡头黄精。茎直立，叶轮生，每轮4~6枚，条状披针形，先端卷曲。花序腋生，具2~4朵小花，下垂，花被筒状，白色至淡黄色。浆果球形，成熟时黑色。滇黄精 *P. kingianum* Coll. et Hemsl. 根状茎近圆柱形或近连珠状，结节有时做不规则菱状，肥厚，茎顶端常做缠绕状；花被粉红色；浆果成熟时红色。多花黄精 *P. cyrtonema* Hua 根状茎肥厚，通常连珠状或结节成块，少有近圆柱形。花被黄绿色。三者根茎（黄精）能补气养阴，健脾，润肺，益肾。（图6-60，图6-61）

图6-60 黄精

玉竹 *Polygonatum odoratum*（Mill.）Druce 地下根茎横走，肉质，淡黄白色，有结节，密生多数须根。茎直立，向一边倾斜，叶互生，椭圆形或狭椭圆形，全缘，叶面绿色，背面粉白色。花腋生，着生花1~4朵（在栽培情况下，多至8朵），花被筒状，黄绿色至白色。浆果蓝黑色。分布于东北、华北、中南、华南及四川，生于林下或山野阴坡。根茎（玉竹）能养阴润燥，生津止渴。（图6-62）

图6-61　多花黄精　　　　　　　　　　　　　　图6-62　玉竹

浙贝母 *Fritillaria thunbergii* Miq. 为多年生草本，鳞茎较大，常由两片肥厚的鳞片组成。叶对生或轮生。早春开花。花被片淡黄绿色，内面具紫色方格斑纹。分布于江苏、浙江和湖南，生于海拔较低的山丘荫蔽处或竹林下。亦有栽培。鳞茎（浙贝母）能清热化痰止咳，解毒散结消痈。贝母属（*Fritillaria*）植物我国约有60种，多数可入药。其中川贝母 *F. cirrhosa* D. Don、暗紫贝母 *F. unibracteata* Hsiao et K. C. Hsia、甘肃贝母 *F. przewalskii* Maxim ex Batal.、梭砂贝母 *F. delavayi* Franch.、太白贝母 *F. taipaiensis* P. Y. li 等的鳞茎为中药"川贝母"的主要来源；伊贝母 *F. Pallidiflora* Schrenk、新疆贝母 *F. walujewii* Regel 的鳞茎为"伊贝母"的来源；平贝母 *F. ussuriensis* Maxim. 的鳞茎入药为"平贝母"。它们皆能清热润肺，化痰止咳，散结消痈。（图6-63）

常见的药用植物还有：麦冬 *Ophiopogon japonicus* (L. f) Ker-Gawl. 块根（麦冬）能养阴生津，润肺清心。湖北麦冬 *L. spicata*（Thunb.）Lour. var. *prolifera*. Y. T. Ma 和短葶山麦冬 *L. muscari*（Decne.）Baily 的块根（山麦冬）与"麦冬"的功效近似。七叶一枝花 *Paris polyphylla* Smith var. *chinensis*（Franch.）Hara 根茎（重楼）能清热解毒，消肿止痛，凉肝定惊。天冬 *Asparagus cochinchinensis*（Lour.）Merr. 块根（天冬）能养阴润燥，清肺生津。知母 *Anemarrhena asphodeloides* Bunge 根茎（知母）能清热泻火，滋阴润燥。小根蒜 *Allium macrostemon* Bge. 和薤 *A. chinense* G. Don 鳞茎（薤白）能通阳散结，行气导滞。韭菜

图6-63　浙贝母（侯皓然提供）

A. tuberosum Rottl. ex Spreng. 种子（韭菜子）能温补肝肾，壮阳固精。

27. 薯蓣科 Dioscoreaceae

多年生缠绕性草质藤本。具块茎或根状茎。叶基心形，具网状叶脉。叶腋有小块茎或无。多单性小花，同株或异株，花被6，雄蕊6，子房下位；3心皮3室。蒴果具3棱的翅，种子常有翅。

我国仅1属约60种，主要分布于长江以南各省。已知药用的有37种。

【药用植物】

薯蓣 *Dioscorea opposita* Thunb. 为多年生缠绕性草质藤本。块茎棒状，肉质，具黏液，生多数须根。茎常带紫色，右旋。单叶互生，中部以上对生，有时三叶轮生。叶片三角形至三角状卵形，基部耳状膨大，呈宽心形。叶腋内常有珠芽（零余子）。穗状花序，聚生叶腋，花小，白色，单性，雌雄异株。雄花序直立，雌花序下垂。花被6，雄蕊6，雌花柱头3。子房下位。蒴果扁圆形，有3棱，翅状。种子扁圆形，四周有膜质宽翅。全国大部分省区有野生及栽培。根茎（山药）能补脾养胃，生津益肺，补肾涩精。（图6-64）

图 6-64　薯蓣

1. 雄花序　2. 雌花序　3. 茎叶和珠芽

常见的药用植物还有：黄山药 *Dioscorea panthaica* Prain et Burkill 根茎（黄山药）能理气止痛，解毒消肿。穿龙薯蓣 *D. nipponica* Makino 根茎（穿山龙）能祛风除湿，舒筋通络，活血止痛，止咳平喘。粉背薯蓣 *D. hypoglauca* Palibin 根茎（粉萆薢）能利湿去浊，祛风除痹。绵萆薢 *D. spongiosa* J. Q. Xi. M. Mizuno et W. L. Zhao 和福州薯蓣 *D. futschauensis* Uline ex R. Kunth 根茎（绵萆薢）功效同粉萆薢。

28. 鸢尾科 Iridaceae

多年生草本，有根状茎、球茎或鳞茎。叶多基生，条形或剑形，常于中脉对折，2 列生，基部套折成鞘状抱茎，两侧压扁。花两性，辐射或两侧对称，花常大而美丽；花单生或为总状、穗状、聚伞或圆锥花序。花被片 6，花瓣状，2 轮，基部常合生。雄蕊 3，生于外轮花被基部。3 心皮复雌蕊，子房下位，3 室，中轴胎座，胚珠多数，花柱 3 裂，常花瓣状。蒴果。

我国有 11 属 80 余种。已知药用的有 8 属 39 种。

【药用植物】

射干 *Belamcanda chinensis*（L.）DC. 为草本。根状茎横走，断面黄色。叶剑形，基部对折，二列套叠排列。花两性，辐射对称；2 ~ 3 歧分枝的伞房状聚伞花序，顶生；花被 6，橙黄色，基部合生成短管，散生暗红色斑点；雄蕊 3；子房下位，柱头 3 裂。蒴果，倒卵圆形。全国大部分地区有分布。根茎（射干）能清热解毒，消痰，利咽。（图 6 - 65）

番红花 *Crocus sativus* L. 为草本。具球茎，外被褐色膜质鳞片。叶基生，条形。花自球茎发出；两性，辐射对称；花被 6，白色、紫色、蓝色，花被管细管状；雄蕊 3；子房下位，花柱细长，顶端 3 深裂，柱头略膨大成喇叭状，顶端边缘有不整齐锯齿，一侧具 1 裂隙。蒴果。原产欧洲，我国引种栽培。柱头（西红花）能活血化瘀，凉血解毒，解郁安神。（图 6 - 66）

图 6 - 65 射干

图 6 - 66 番红花

常见的药用植物还有：鸢尾 *Iris tectorum* Maxim. 根茎（川射干）能清热解毒，祛痰，利咽。

西红花产地

西红花原产于西班牙、荷兰、德国、法国、意大利、希腊、伊朗等地中海沿岸国家和小亚细亚（今天的土耳其亚洲部分）地区。唐代，西红花由印度传入我国，主要作药用。历史上我国一直从西方国家进口，所以叫西红花。我国进口西红花主要是从印度经西藏传入内地，故又叫藏红花、番红花。

番红花不仅药用广泛，疗效显著，还是世界上高档的香料和上乘的染料，大量用于日用化工、食品、染料工业，是美容化妆品和香料制品的宝贵原料。由于番红花集多种用途于一身，在国内外需求量极大，经济价值居世界药用植物之首，被西班牙人誉为"红色金子"。

我国于 1965 年开始引种试验，现已在上海、浙江、河南、北京、新疆等 22 个省、市、自治区引种成功，但西藏不产。

29. 姜科 Zingiberaceae

多年生草本，通常有具芳香或辛辣味的块茎或根茎。单叶基生或茎生，茎生者常 2 行排列；多有叶鞘和叶舌；羽状平行脉。花两性，稀单性，两侧对称，单生或生于有苞片的穗状、总状、圆锥花序上；每苞片具花 1 至数朵；花被片 6，2 轮，外轮萼状，常合生成管，一侧开裂，上部 3 齿裂，内轮花冠状，上部 3 裂，通常后方一枚裂片较大；退化雄蕊 2 或 4 枚，外轮 2 枚称侧生退化雄蕊，呈花瓣状、齿状或不存在，内轮 2 枚联合成显著而美丽的唇瓣，能育雄蕊 1，花丝细长具槽；雌蕊子房下位，3 心皮，3 室，中轴胎座，少侧膜胎座（1 室），胚珠多数，花柱细长，被能育雄蕊花丝的槽包住，柱头漏斗状。蒴果。种子具假种皮。

我国约 20 属近 200 种，主产于西南、华南至东南部。已知药用的有 15 属 103 种。

【药用植物】

姜黄 *Curcuma longa* L. 根状茎卵形，侧根茎指状，断面深黄色至黄红色，具块根。叶片椭圆形至矩圆形，两面无毛。穗状花序自叶鞘抽出，苞片绿白色或顶端红色，花冠白色，侧生退化雄蕊淡黄色，唇瓣近圆形，白色，中部深黄色，花药基部两侧有 2 个角状距。分布于东南部至西南部，常栽培。根茎（姜黄）能破血行气，通经止痛；块根（郁金）能活血止痛，行气解郁，清心凉血，利胆退黄。（图 6－67）

莪术 *C. zedoaria* (Christm.) Rosc. 根茎肉质，具樟脑般香味；根细长或末端膨大成块根。叶直立，椭圆状长圆形至长圆状披针形，中部常有紫斑；叶柄较叶片为长。花葶由根茎单独发出，常先叶而生，穗状花序。分布于台湾、福建、江西、广东、广西、四川、云

图 6 – 67　姜黄

南等省区，栽培或野生于林荫下。根茎（莪术）能行气破血，消积止痛；块根（郁金）能活血止痛，行气解郁，清心凉血，利胆退黄。

郁金 *C. aromatica* Salisb. 根茎肉质肥大，黄色，芳香；根端膨大呈纺锤状。叶基生，叶片长圆形，顶端具细尾尖，基部渐狭，叶柄约与叶片等长。花葶单独由根茎抽出，与叶同时发出或先叶而出，穗状花序圆柱形。分布于我国东南部至西南部各省区，栽培或野生于林下。根茎（莪术）能行气破血，消积止痛；块根（郁金）能活血止痛，行气解郁，清心凉血，利胆退黄。（图 6 – 68）

图 6 – 68　郁金

阳春砂 *Amomum villosum* Lour. 为草本。根状茎细长横走。叶条状披针形或长椭圆形，全缘，尾尖，叶鞘上有凹陷的方格状网纹，叶舌半圆形。花冠白色，唇瓣白色，中间有淡黄色或红色斑点，圆匙形，先端 2 裂，药隔附属体 3 裂。果实红棕色，卵圆形，不裂，有刺状突起。种子多数，极芳香。分布于华南及云南、福建，生于山谷林下阴湿地，多栽培。绿壳砂 *A. villosum* Lour. var. *xanthioides* T. L. Wu et Senjen 蒴果成熟时绿色，果皮上的柔刺较扁。海南砂 *A. longiligulare* T. L. Wu 果具明显钝 3 棱，果皮厚硬，被片状、分裂的柔

刺。三者果实（砂仁）能化湿开胃，温脾止泻，理气安胎。（图6-69）

图6-69 阳春砂（徐晔春、刘基柱提供）

常见的药用植物还有：姜 *Zingiber officinale* Rosc. 根茎入药，生姜发汗解表，温胃止呕，化痰止咳；干姜能温中散寒，回阳通脉，温肺化饮。山奈 *Kaempferia galanga* L. 根茎（山奈）能行气温中，消食，止痛。草果 *Amomum tsaoko* Crevost et Lemarie 果实（草果）能燥湿温中，截疟除痰。白豆蔻 *A. kravanh* Pierre ex Gagnep. 果实（豆蔻）能化湿行气，温中止呕，开胃消食。大高良姜 *Alpinia galanga*（L.）Willd. 果实（红豆蔻）能温中散寒，止痛消食。草豆蔻 *A. katsumadae* Hayata 近成熟种子（草豆蔻）能燥湿行气，温中止呕。益智 *A. oxyphylla* Miq. 果实（益智）能暖肾固精缩尿，温脾止泻摄唾。高良姜 *A. officinarum* Hance 根茎（高良姜）能温胃止呕，散寒止痛。

30. 兰科 Orchidaceae

草本，陆生、附生或腐生，陆生和腐生的具根状茎或块茎，附生的具肉质假鳞茎和肥厚的气生根。单叶互生，常排成2列，有时退化成鳞片状，常有叶鞘。花葶顶生或侧生，单花或总状、穗状、圆锥花序；花通常两性，两侧对称；花被片6，排列为2轮，花瓣状；外轮3，上方中央1片称中萼片，下方两侧的2片称侧萼片；内轮3，侧生的2片称花瓣，中间的1片常有种种特殊的形态分化和艳丽的颜色，特称为唇瓣；由于子房180°扭转，使唇瓣由近轴方转至远轴方，而居于下方。雄蕊与雌蕊的花柱和柱头完全愈合成合蕊柱，合蕊柱半圆柱形，面向唇瓣。花药通常1枚，位于合蕊柱顶端；少数2枚，位于合蕊柱两侧；2室。花粉粒常黏合成花粉块，前方常有1个由柱头不育部分变成1舌状突起，称蕊喙，能育柱头位于蕊喙之下，常凹陷。子房下位，3心皮组成1室，侧膜胎座，含多数微小胚珠。蒴果。种子微小，极多。兰科的种子是被子植物最小的种子。（图6-70）

本科约有730属20000余种，是被子植物中仅次于菊科的第二大科。我国有171属1000余种，主要分布于长江流域和以南各省区，西南部和台湾尤盛。已知药用的有76属，289种。

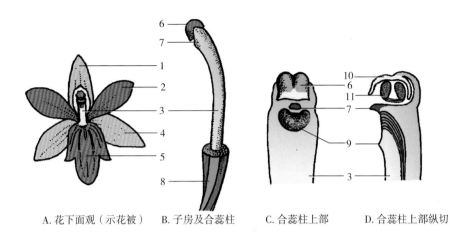

A. 花下面观（示花被）　B. 子房及合蕊柱　　C. 合蕊柱上部　　D. 合蕊柱上部纵切

图 6 - 70　兰花的构造

1. 中萼片　2. 花瓣　3. 合蕊柱　4. 侧萼片　5. 唇瓣　6. 花药　7. 蕊喙

8. 子房　9. 柱头　10. 药帽　11. 花粉块

【药用植物】

天麻 *Gastrodia elata* Bl. 块茎长椭圆形，肥厚，有多数环节，环节上有点状突起和鳞片。茎单一，直立。叶退化成鳞片。总状花序顶生；花黄绿色；花被合生成壶状，口部歪斜；子房下位，倒卵形。蒴果长圆形。主产西南地区，生于山地气候阴凉、潮湿，地面有较多枯枝落叶、朽木等的杂木林下，现多栽培，与白蘑科蜜环菌共生。块茎能息风止痉，平抑肝阳，祛风通络。（图 6 - 71）

图 6 - 71　天麻

金钗石斛 *Dendrobium nobile* Lindl. 为多年生附生草本。茎丛生，多节，黄绿色，上部稍扁而略成"之"字形迴折，具纵槽纹，基部收窄而圆，干后呈金黄色。叶无柄，近革质，矩圆形，先端偏斜状凹缺，基部具抱茎的鞘，3~7 片互生于茎的上部。总状花序常有花2~4 朵，下垂，花被白色，先端粉红色；唇瓣卵圆形，近基部中央有一深紫色斑块。蒴果。分布于华南、西南等地，附生于密林老树干或潮湿的岩石上。鼓槌石斛 *D. chrysotoxum* Lindl. 茎肉质，纺锤形；流苏石斛 *D. fimbriatum* Hook. 花金黄色，唇瓣边缘具复流苏。以上三种植物的茎（石斛）能益胃生津，滋阴清热。铁皮石斛 *D. officinale* Kimura et Migo 茎圆柱形，干后呈青灰色；叶鞘常具紫斑，老时其上缘与茎松离而张开，并且与节留下 1 个环状铁青的间隙；花黄绿色；茎（铁皮石斛）功效同"石斛"。（图6 – 72，图6 – 73）

图6 – 72　金钗石斛

图6 – 73　铁皮石斛

白及 *Bletilla striata*（Thunb. ex A. Murray）Rchb. f. 为多年生草本。块茎三角状扁球形。叶3~6 片，互生，带状披针形，基部鞘状，抱茎。总状花序顶生，花淡紫红色。蒴果圆柱形，具6 棱。分布于长江流域至南部及西南各省区，生于向阳山坡、疏林下、草丛中。块茎（白及）能收敛止血，消肿生肌。（图6 – 74）

图6 – 74　白及

常见的药用植物还有：杜鹃兰 *Cremastra appendiculata*（D. Don）Makino、独蒜兰

Pleione bulbocodioides（Franch.）Rolfe 和云南独蒜兰 *P. yunnanensis*（Rolfe）Rolfe 的假鳞茎（山慈菇）能清热解毒，化痰散结。

思考题

1. 被子植物的主要特征有哪些？

2. 比较：裸子植物与被子植物，双子叶植物与单子叶植物。

3. 掌握各科的识别要点及各科主要药用植物的形态特征。

4. 比较：毛茛科与木兰科，五加科与伞形科，唇形科与玄参科，百合科与鸢尾科，姜科与兰科。

5. 比较：蔷薇科各亚科，豆科各亚科，菊科各亚科。

全国中药资源普查

　　我国经历了三次全国性的中药资源普查。第一次在 1960～1962 年，普查以常用中药为主，出版了《中药志》（四卷），成为中华人民共和国成立后首部有关中药资源的专门学术专著。第二次在 1969～1973 年，结合了中草药的群众运动，将各地的中草药做了调查整理，代表著作为《全国中草药汇编》（上、下册）。第三次在 1983～1987 年，普查确认我国有中药资源 12807 种，其中药用植物 11146 种，药用动物 1581 种，药用矿物 80 种；出版了中国中药资源丛书，包括《中国中药资源》《中国中药资源志要》《中国中药区划》《中国常用中药材》《中国药材地图集》和《中国民间单验方》，是一套系统的中药资源专著。

　　第四次全国中药资源普查于 2011 年开始试点，2018 年正式启动。开展全国中药资源普查，有助于全面掌握我国中药资源情况，提出中药材资源管理、保护及开发利用的总体规划，建立中药资源动态监测机制，促进中药资源的可持续发展，满足人们健康需要。

附 录

实训指导

实训一 观察药用植物营养器官的形态

【实训目的】

1. 掌握不同类型的变态根、变态茎和叶的形态识别技术。

2. 熟悉根的类型、茎的类型。

3. 了解根系的类型、茎的外形特征和叶的变态。

【实训器材】

1. 仪器用品 枝剪、掘铲、刀片、放大镜、直尺、解剖针等。

2. 材料试剂 常见的鲜活植物或浸制标本（药用植物园、植物标本馆）。

【实训内容】

一、观察根的形态

1. 根的类型

（1）主根、侧根和纤维根 观察桔梗、菘蓝的根，分辨出主根、侧根和纤维根。

（2）定根和不定根 观察大豆、玉米幼苗的根和红薯的根，注意其发生位置。

2. 根系的类型

（1）直根系 观察桔梗、菘蓝根外形特征及根系。

（2）须根系 观察玉米幼苗根、麦冬根外形特征及根系，注意有无主根和侧根的区别。

3. 变态根的类型

（1）贮藏根　①肉质直根：观察菘蓝、莱菔根，注意每株肉质根的个数。②块根：观察何首乌、麦冬、红薯，何首乌的主根、侧根的一部分膨大成块根，麦冬、红薯的不定根形成纺锤形的块根。

（2）支持根　观察淡竹、玉米的根系。

（3）攀缘根　观察络石、常春藤、爬山虎的攀缘结构。

（4）气生根　观察石斛、吊兰、榕树的气生根。

（5）呼吸根　观察红树、木榄、水松的呼吸根，注意根的朝向。

（6）水生根　观察浮萍、凤眼莲的根。

（7）寄生根　观察菟丝子的寄生根，并解剖与寄主连接部位。

二、观察茎的形态

1. 茎的外形特征

取杨树或其他植物的枝条，观察其形态特征。

（1）节和节间　注意观察节的位置和形状、节间的长短、长枝和短枝如何区分。

（2）芽的类型　取杨树枝条，观察着生位置、数量和鳞片包被情况。芽可根据其生长位置、发育性质、芽鳞有无、活动能力的不同进行分类，观察植物的各类芽。

（3）叶痕与叶迹（束痕）　观察叶痕和叶迹（束痕）的颜色和形状。

（4）皮孔　观察其大小、颜色、形状、分布等情况。

2. 茎的类型

（1）直立茎　观察益母草、桔梗的茎特征。

（2）缠绕茎　五味子、葎草的茎呈顺时针方向缠绕，牵牛、马兜铃的茎呈逆时针方向缠绕，而何首乌、猕猴桃的茎缠绕方向无规律。

（3）攀缘茎　葡萄具有茎卷须，豌豆具有叶卷须，爬山虎具有吸盘，钩藤具有钩，络石具有不定根。

（4）匍匐茎　红薯、积雪草平卧地面，观察节上有无不定根。

（5）平卧茎　蒺藜、马齿苋平卧地面，观察节上有无不定根。

3. 地上茎的变态

（1）叶状茎或叶状枝　观察竹节蓼、仙人掌、假叶树、天冬等的茎，并指出其"节和节间"。

（2）刺状茎（枝刺或棘刺）　观察皂荚、枸橘、山楂、酸橙的刺，注意观察其生长部位是否在叶腋，刺是否容易脱落。再与花椒、月季的刺的生长位置和脱落难易情况进行比较。

（3）茎卷须　观察丝瓜、乌蔹莓的卷须和爬山虎吸盘。

（4）小块茎　观察薯蓣叶腋和半夏叶柄上的小块茎。

（5）小鳞茎　观察大蒜的花间、卷丹的叶腋内的小鳞茎。

（6）假鳞茎　观察羊耳蒜、石豆兰等兰科植物的假鳞茎。

4. 地下茎的变态

（1）根茎　观察白茅、芦苇、姜的根状茎。

（2）块茎　观察天麻、半夏的块茎。

（3）球茎　观察荸荠、慈菇的球茎，注意其环节着生位置和鳞叶生长情况。

（4）鳞茎　观察大蒜、百合、洋葱的鳞茎，指出鳞茎盘、鳞叶、鳞被及其根的位置。比较上述四种变态茎的形态特征。

三、观察叶的形态

观察各种植物及植物标本的形态，熟悉叶脉、叶裂、叶序、复叶的类型；用直尺测量植物叶片的长、宽和最宽处位置，计算比例，确定叶形，完成以下表格。

	天竺葵	胡桃楸	肾蕨	麦冬	银杏	肉桂	决明	天南星
叶序								
单复叶类型								
叶片质地								
脉序								
长宽比例								
最宽处								
叶形								

【实训报告】

1. 观察到哪些变态根？分别描述其特征。

2. 观察各种地下茎的变态，比较其特征。

3. 叶脉、叶裂、叶序、复叶分别有哪些类型？各举一例。

4. 在本次实训中，你观察到哪些类型的变态叶？

实训二 观察药用植物繁殖器官的形态

【实训目的】

1. 掌握花和花序的类型及种子的类型。
2. 熟悉花的组成、形态及果实的类型。
3. 了解花程式的描述方法及种子的组成。

【实训器材】

1. 仪器用品 解剖镜、显微镜、放大镜、枝剪、刀片、直尺、解剖针等。
2. 材料试剂 常见的鲜活植物或浸制标本（药用植物园、植物标本馆）。

【实训内容】

一、观察花的组成及形态

1. 花的组成及花主要部分的形态和类型

（1）花梗 观察垂丝海棠与贴梗海棠的花梗长短。

（2）花托 观察厚朴、草莓、莲、月季的花托形状。

（3）花被 包括花萼和花冠两部分。

①花萼：观察凤仙花、白屈菜、柿、蜀葵、铁线莲、蒲公英、牛膝的花萼形状，判断花萼类型。

②花冠：观察油菜、黄芪、决明、丹参、红花、蒲公英、牵牛、党参、长春花、枸杞的花冠形状，判断花冠类型。

（4）雄蕊群 观察茄、地黄、益母草、槐花、蒲公英、薄荷、油菜的花，判断雄蕊群类型。

（5）雌蕊群

①雌蕊群类型：观察桃、毛茛、柑橘的花，判断雌蕊群类型。

②子房位置：观察桃、毛茛、梨、桔梗的花，判断子房在花托上的位置。

③胎座类型：观察大豆、黄瓜、石竹、百合、向日葵、杜仲的果实，判断胎座的类型。

2. 花和花序的类型

（1）花的类型 观察山楂、南瓜、百合、杜仲、月季、银杏、荔枝、葡萄的花，判断花的类型。

（2）花序的类型　观察车前草、延胡索、柳、半夏、山楂、苹果、蒲公英、女贞、五加、石竹、紫草、益母草的花序，判断花序的类型。

二、观察果实的类型

1. 单果的类型

（1）肉果　取番茄、枸杞、桃、杏、柠檬、苹果、梨、黄瓜的果实横切，观察外、中、内各层果皮是否有明显界限，质地，子房室数和胎座类型，辨别真果和假果，判断果实类型。

（2）干果　取豆角、荠菜、油菜、向日葵、玉米、板栗、杜仲、小茴香、百合的果实，观察果实成熟后是否开裂，并注意观察是何种开裂方式，判断果实的类型。

2. 聚合果

（1）取金樱子纵切观察，可见在凹陷的壶形花托内，聚生多数的骨质瘦果。

（2）取八角茴香观察，一般可见8个蓇葖果轮状聚生于花托上。

3. 聚花果

（1）取桑椹观察，可见桑椹是雌花序发育而成，每朵花的子房各发育形成一个小瘦果，包藏在肥厚多汁的花被中。

（2）取凤梨观察，注意可食部分是由花的何种部位发育形成。

三、观察种子的类型

取蓖麻、蚕豆、大豆的种子，注意观察种皮、胚和胚乳，判断种子的类型。

【实训报告】

1. 列表记录所观察植物的花萼类型、花冠形状、雄蕊群及雌蕊群类型、子房位置和花序类型。

2. 写出一种所观察植物的花程式。

3. 列表记录所观察植物的果实和种子的类型。

实训三　光学显微镜的使用和植物细胞基本结构的观察

【实训目的】

1. 掌握光学显微镜的使用方法、使用注意事项及保养方法。

2. 掌握植物细胞基本结构。

3. 学习表皮制片方法及绘制植物细胞图的基本技术。

【实训器材】

1. 仪器用品　显微镜、载玻片、盖玻片、培养皿、解剖用具（解剖针、刀片、镊子）、吸水纸、擦镜纸等。

2. 材料试剂　洋葱鳞茎、碘 – 碘化钾试液、中性红试液、90% 乙醇、蒸馏水。

【实训内容】

一、光学显微镜的构造与使用

（一）光学显微镜的构造

1. 机械部分

（1）镜座　显微镜的底座，用于支持和稳定整个镜体。

（2）镜架　为镜臂与镜座相连的短柱。

（3）镜臂　为支持镜筒和镜台的弯曲状构造，上连镜筒，下连镜架，是取用显微镜时握拿的部位。

（4）镜筒　为安装在光镜最上方或镜臂前方的圆筒状结构，其上端装有目镜，下端与物镜转换器相连。

（5）物镜转换器　又称物镜转换盘，是安装在镜筒下方的圆形构造，装有 3 ~ 4 个物镜。

（6）载物台　也称镜台，是放置被观察的玻片标本的平台。平台的中央有通光孔，载物台上装有移动器，既能压住标本，又能靠移动器手轮推进，在前后、左右方向移动。

（7）调节轮　在镜架两侧，转动调节轮可使载物台上下移动调节焦距，使标本清晰可见。调节轮一般有粗、细两种调节方式，粗调可使镜筒或载物台以较快速度或较大幅度升降，能迅速调节好焦距使物像呈现在视野中，适于低倍镜观察；细调可使镜筒或载物台缓慢或较小幅度地升降，适用于高倍镜和油镜的聚焦或观察标本的不同层次。

2. 光学部分

（1）目镜　观察时眼睛接近的透镜，上面刻有放大的倍数，分别为 5 ×、10 ×、16 × 等，常用 10 ×。

（2）物镜　接近标本片的透镜，通常有低倍镜、高倍镜和油镜三种。低倍镜一般有 4 ×、10 ×，高倍镜一般有 40 ×、60 ×，油镜一般有 100 ×。实训中根据观察需要选择使用。

（3）聚光镜　由两个或两个以上的凸透镜和虹彩光圈组成，它能将散射光线汇聚成一束光，以增强标本的照明。

（4）反光镜　位于聚光镜下面的一个可随意转动的双面镜，可以将光源的光反射到聚光镜。

（二）光学显微镜的使用

1. 取镜　从柜中拿出显微镜时，一只手紧握镜架，另一只手托住镜座，保持镜体直立，放置时要轻、稳，避免使镜体受到震动。

2. 对光　转动粗调节轮，上升镜筒，拨动反光镜，使整个视野亮度适宜、均匀为止。

3. 放置标本片　把标本片放置在载物台上，将标本片中要观察的部分对准物镜。

4. 观察标本片

（1）低倍镜观察　向外转动粗调节轮，下降镜筒，当物镜接近玻片时停止转动；然后向内转动粗调节轮，上升镜筒，调节至标本物像出现时，再转动细调节轮至物像清晰。

（2）高倍镜观察　在低倍镜下找到物像后，将需要观察的部位移至视野中央，然后在高倍镜下观察。

5. 取出标本片　观察结束后，需将高倍镜转离透光孔，方可取出标本片，不能在高倍镜下直接取放标本片。

6. 还镜　显微镜使用完毕后，擦拭干净，适当升高物镜，使两个物镜跨于通光孔两侧，再把镜头降至载物台上，竖直反光镜，盖好绸布，放回柜中。

（三）使用光学显微镜的注意事项及保养

1. 随时保持清洁，机械部分可用软毛巾擦拭。光学部分的灰尘必须用镜头毛刷拂去，或用吹风球吹去，再用拭镜纸轻擦，切忌用手指或其他粗糙物如纱布等擦拭，以免损坏镜面。

2. 取用显微镜时，右手紧握镜架，左手托住镜座，保持镜身直立，切勿左右摇晃，避免碰撞。

3. 临时装片必须盖好盖玻片，保持洁净，以免溶液流出污染或腐蚀镜体；加热处理的标本，须冷却后才能观察。

4. 不用时应将电源关闭，使用完毕，各个附件要清点齐全，放回原位。

二、植物细胞基本结构的观察

观察洋葱鳞茎叶片的表皮细胞。先在干净的载玻片中央加一滴蒸馏水，用镊子在洋葱鳞茎叶片的上表皮或下表皮撕下一层表皮，选最薄处切成小块放入载玻片的水滴上，用解剖针将它展开，最后用镊子（也可用手指）夹取盖玻片一片，盖玻片略倾斜，使其下面的边接触水滴的边缘，慢慢地放下盖于材料上，使水滴均匀地充满盖玻片下面的面积而无气泡即可。如有过多的水液流出，应立即用吸水纸吸去。如水液太少，不能充满盖玻片下面的面积时，可用滴管从盖玻片边缘小心地渗入少量水液使其充满。如有气泡产生，必须除去，可用解剖针或镊子轻压盖玻片使气泡溢出。如用大量气泡，则需要重新制片。这样做好的临时制片可放在显微镜下观察。低倍镜下观察，可见洋葱内表皮为一层排列紧密、多呈长方形的细胞。

取下装片，从盖玻片一侧加 1~2 滴碘－碘化钾试液，用吸水纸从另一侧将清水吸去，使试剂浸入装片，放置几分钟后可见细胞壁染成黄色，细胞核染成深黄色，高倍镜下还可以看见细胞核中一至多个发亮的小颗粒，即核仁。

【实训报告】

1. 简述使用显微镜观察标本的步骤。
2. 绘制 1~2 个洋葱表皮细胞，并注明细胞壁、细胞质和细胞核等构造。

实训四 观察细胞后含物和细胞壁特化

【实训目的】

1. 掌握淀粉粒、草酸钙结晶的类型及粉末装片的制作方法。
2. 熟悉细胞壁特化的鉴别。

【实训器材】

1. **仪器用品** 显微镜、载玻片、盖玻片、培养皿、解剖用具（解剖针、刀片、镊子）、吸水纸、擦镜纸、牙签、火柴、酒精灯等。

2. **材料试剂** 马铃薯块茎、半夏粉末、大黄粉末、黄柏粉末、党参粉末、地骨皮粉末、夹竹桃叶、水合氯醛试剂、稀甘油、蒸馏水、稀碘液、苏丹Ⅲ试液、稀乙醇。

【实训内容】

一、淀粉粒的观察

1. **马铃薯块茎淀粉粒** 刮取马铃薯块茎组织少许，加斯氏液制作临时装片，镜下观察淀粉粒类型。加稀碘液，观察淀粉粒颜色变化。

2. **半夏粉末淀粉粒** 取少许半夏粉末置于载玻片上，加稀甘油试液 1 小滴并用解剖针轻轻将粉末与稀甘油充分搅匀，然后放上盖片观察，并与马铃薯淀粉粒进行比较。

二、草酸钙结晶的观察

1. **簇晶**　取大黄根茎粉末少许，置于滴加 1～2 滴水合氯醛的载玻片上。在酒精灯上文火慢慢加热进行透化，注意不要煮沸和蒸干，直至材料颜色变浅而透明时停止处理，加稀甘油 1 滴并盖上盖玻片。镜下观察，可见到许多大型、形如星状的草酸钙簇晶。

2. **方晶**　取黄柏粉末少许，按上述方法透化后制片观察，可在排列于纤维束旁边的薄壁细胞中见到方形或长方形的草酸钙方晶。

3. **针晶**　取半夏粉末少许，透化后制片观察，可见散在或成束的草酸钙针晶。

4. **砂晶**　取地骨皮粉末少许，透化后制片观察，可见在薄壁细胞中充满许多细小的三角形或不规则颗粒状砂晶。

三、细胞壁特化的类型与鉴别

1. **木质化**　取叶柄，做徒手切片，滴间苯三酚，加热，再加浓盐酸一滴，加盖玻片，镜下观察，可见木质化细胞壁被染成樱桃红或红紫色。

2. **木栓化**　取带皮马铃薯块茎，制徒手切片，加苏丹Ⅲ试液，稍加热，放置 2 分钟，加盖玻片，镜下观察，可见木栓化细胞壁被染成橘红色。

3. **角质化**　取夹竹桃叶主脉两侧材料，做徒手切片，加苏丹Ⅲ试液，稍加热，放置 2 分钟，加盖玻片，镜下观察，可见表皮细胞外壁呈红或橘红色，即为角质层。

【实训报告】

1. 绘 1～2 个洋葱鳞叶表皮细胞图并引线注明各部分名称。

2. 绘各种草酸钙结晶的形态图。

3. 细胞壁有哪些特化类型，各如何鉴别？

实训五　观察植物组织的显微特征

【实训目的】

1. 掌握毛茸、气孔、油细胞、油室、分泌道、纤维、石细胞、导管的显微特征。

2. 识别各种不同的维管束。

3. 练习显微绘图方法。

【实训器材】

1. 仪器用品　显微镜、解剖用具（解剖针、刀片、镊子）、载玻片、盖玻片、蒸馏水、滴管、培养皿、纱布、吸水纸、擦镜纸等。

2. 材料试剂　薄荷叶、石韦叶、菊花叶、天竺葵叶、鲜姜、橘皮、松针叶、南瓜茎纵切永久制片、梨果实、黄豆芽、水合氯醛试液、稀甘油、盐酸、碘液、间苯三酚。

【实训内容】

一、保护组织观察

1. 毛茸

（1）腺毛　观察薄荷叶下表皮临时水装片，观察其表皮上的毛茸。

腺毛较少，由单细胞的头和单细胞的柄组成。头细胞中常充满黄色挥发油。

腺鳞较多，腺头大而明显，扁圆球形，常由 6~8 个细胞组成，排列在同一平面上，周围有角质层，与其腺头细胞之间贮有挥发油，腺柄极短，为单细胞。

（2）非腺毛　用镊子撕取下表皮一小片，制成临时水装片，镜下观察。

星状毛：取石韦叶的临时制片，置显微镜下观察，可见毛茸呈星形放射状分枝。

丁字形毛：取菊花叶的临时制片，置显微镜下观察，可见毛茸顶部有一个横生的大细胞，柄部由 2~3 个细胞组成，并与顶生细胞相垂直呈丁字形。

2. 气孔

（1）直轴式气孔　取薄荷叶下表皮制成临时水装片，镜下观察，可见气孔周围的两个副卫细胞的长轴与保卫细胞和气孔的长轴相垂直。

（2）不定式气孔　取天竺葵叶的下表皮制成临时水装片，镜下观察，可见副卫细胞的数目不定，其形状与一般表皮细胞相似。

二、分泌组织观察

1. 油细胞　取鲜姜做徒手切片，制成临时水装片，置显微镜下观察，可见薄壁组织中有许多类圆形的油细胞，胞腔内含淡黄色挥发油滴散在或成群。

2. 油室　取橘皮横切片置显微镜下观察，可见一些大而呈椭圆形的腔隙，在腔隙周围可看到有部分破裂的分泌细胞，该腔隙就是油室。

3. 分泌道　制松针叶横切水装片，置显微镜下观察，横切面为半圆形，在表皮或叶肉中分布有一个个类圆形的细胞为树脂道，其外由厚壁细胞所包围，内有一层薄壁细胞为分泌细胞。但由于充满树脂，所以细胞界线不清，这时用水合氯醛透化，即可看清楚分泌细胞。也可再加间苯三酚和浓盐酸,观察厚壁细胞的壁被染成红色。

三、机械组织观察

1. 厚角组织 取南瓜茎纵切永久制片,观察表皮下方具棱角的部分,有数层厚角组织细胞,其细胞只在角隅处加厚,加厚部分颜色较暗。

2. 厚壁组织

(1) 纤维 取肉桂粉末,制临时装片,镜下观察,纤维长棱形,单个散在,壁极厚。

(2) 石细胞 用刀片刮取梨果肉少许,制成临时装片,可见石细胞成团或散在,大小不一,形状有椭圆形、类圆形、长方形及不规则形,细胞壁很厚,有层纹或不明显,纹孔道分枝或不分枝。相连的石细胞纹孔对显著。

四、输导组织观察

切取黄豆芽卜胚轴一段,长约0.5cm,用镊子或其他夹持物固定在载玻片上,用刀片纵切取中央的薄片置载玻片上,加水合氯醛试液透化,置显微镜下观察,可见环纹导管、螺纹导管、梯纹导管及网纹导管。取下标本片,用滤纸吸去水合氯醛试液,滴加间苯三酚和盐酸各一滴,放置片刻镜检,可见各种导管,木质化壁呈红色。

【实训报告】

1. 绘薄荷叶腺毛和气孔。
2. 绘菊花叶、石韦叶非腺毛。
3. 绘梨果肉石细胞。
4. 绘姜的油细胞。
5. 绘黄豆芽的导管。

实训六 观察根的显微构造

【实训目的】

1. 掌握根的初生构造。
2. 熟悉根的次生构造。
3. 了解根的异常构造。

【实训器材】

1. 仪器用品　显微镜、解剖用具（解剖针、刀片、镊子）、培养皿、纱布、吸水纸、擦镜纸等。

2. 材料试剂　毛茛根的横切片、防风根的横切片、怀牛膝根的横切片。

【实训内容】

一、观察双子叶植物根的初生构造

观察毛茛根的初生构造永久切片，从外向内依次观察：表皮、皮层、维管柱。

1. 表皮　表皮细胞排列紧密，无细胞间隙，有时可见根毛。

2. 皮层　皮层可明显区分为外皮层、皮层薄壁细胞和内皮层，内皮层一层细胞，有凯式带加厚。

3. 维管柱　维管柱包括中柱鞘、初生木质部、初生韧皮部。初生木质部为四原型，有原生木质部和后生木质部的分化，观察导管是否分化到中心。维管束为辐射型维管束。

二、观察双子叶植物根的次生构造

观察防风根永久横切片，从外到内可分为周皮、皮层、次生维管组织。

1. 周皮　从外向内由木栓层、木栓形成层、栓内层组成。

2. 次生维管组织　有次生韧皮部、形成层、次生木质部、初生木质部、次生射线几部分。为无限外韧型维管束。

三、观察双子叶植物根的异常构造

观察怀牛膝根的横切片，可见中心为初生木质部，其外为次生维管束形成两束，再向外为异型维管束排列成三圈。

【实训报告】

1. 绘制毛茛根初生构造简图，注明各部分名称。

2. 绘制防风根次生构造简图，注明各部分名称。

实训七　观察茎的显微构造

【实训目的】

1. 掌握双子叶植物木质茎的次生构造。
2. 熟悉双子叶植物茎的初生构造及单子叶植物茎的构造。
3. 了解双子叶植物草质茎的次生构造。

【实训器材】

1. **仪器用品**　显微镜、解剖用具（解剖针、刀片、镊子）、培养皿、纱布、吸水纸、擦镜纸等。
2. **材料试剂**　向日葵茎横切片、椴树茎横切片、薄荷茎横切片、石斛茎横切片。

【实训内容】

一、观察双子叶植物茎的初生构造

用显微镜观察向日葵茎的横切片，由外向内看到下列构造：

（1）表皮　最外面一层细胞，无细胞间隙，排列整齐，其细胞的外壁角质加厚，有时可见非腺毛（乳突）。

（2）皮层　多层薄壁细胞，具细胞间隙，在靠近表皮下有数层厚角细胞。

（3）维管束　为数个大小不等的维管束，呈环状排列，每个维管束由韧皮部、形成层（束中形成层）、木质部组成。韧皮部位于维管束外侧，包括筛管、韧皮薄壁细胞和韧皮纤维。木质部位于维管束的内侧，包括导管（染成红色）、管胞、木薄壁细胞和木纤维。形成层位于韧皮部和木质部之间，为2~3层扁平的分生细胞组成，细胞壁排列非常整齐，无细胞间隙。

（4）髓射线　位于维管束之间，由薄壁细胞组成，外连皮层，内通髓部。

（5）髓　茎中央均是薄壁细胞，体积大而排列疏松，有细胞隙。

二、观察双子叶植物茎的次生构造

1. 双子叶植物木质茎的次生构造

用显微镜观察椴树茎（3~4年）的横切片，由外向内看到下列构造：

（1）周皮　包括木栓层、木栓形成层及栓内层，外有残存的表皮。由多层排列疏松的薄壁细胞组成。

（2）皮层　较窄，由薄壁细胞组成，紧接周皮下方的是厚角组织，细胞大而不规则排列，含有草酸钙簇晶。

（3）维管束　维管束间无明显界限。①次生韧皮部：呈梯形，放射状排列在形成层外；②形成层：呈环状，由极扁平的薄壁细胞组成；③次生木质部：具年轮；④维管射线：在维管束中由 1～2 列径向排列的细胞组成。

（4）髓和髓射线　髓在茎中央，由薄壁细胞组成。髓射线在两个维管束之间，由 1～2 列径向排列的薄壁细胞组成。

2. 双子叶植物草质茎的次生构造

用显微镜观察薄荷茎的横切片，由外向内看到下列构造：

（1）表皮　一层生活细胞，有毛茸等附属物。

（2）皮层　多层排列稀松细胞组成，在棱角处有厚角组织，内皮层具凯氏点。

（3）维管束　环状排列，有明显束间形成层。

（4）髓和髓射线　髓发达，由大型薄壁细胞组成，髓射线宽窄不等。

三、观察单子叶植物茎的构造

用显微镜观察石斛茎的横切片，注意与双子叶植物茎的区别。

（1）表皮　为一列小而扁、排列紧密的细胞，外被较厚的角质层。

（2）基本组织　没有皮层、髓及髓射线的区别，为表皮以内大型类圆形薄壁细胞，内含淀粉粒。

（3）维管束　分散于基本组织中。有限外韧型维管束。韧皮部及木质部外侧有纤维束包围。维管束周围的一些薄壁细胞的壁呈网状增厚且木化。

【实训报告】

1. 绘向日葵茎构造简图及部分详图，注明其各部分名称。

2. 绘椴树茎横切部分详图，并注明各部分名称。

3. 绘石斛茎横切面简图，并注明各部分名称。

4. 绘薄荷茎横切面简图，并注明各部分名称。

实训八　观察叶的显微构造

【实训目的】

1. 掌握双子叶植物叶片的内部构造。

2. 熟悉单子叶植物叶片的内部构造。

3. 能利用显微镜辨别单子叶植物和双子叶植物的显微结构。

【实训器材】

1. 仪器用品　显微镜、解剖用具（解剖针、刀片、镊子）、培养皿、纱布、吸水纸、擦镜纸等。

2. 材料试剂　薄荷叶片横切片、淡竹叶叶片横切片。

【实训内容】

一、观察双子叶植物叶片的构造

用显微镜观察薄荷叶的横切片，可见下列各部分：

1. 表皮　上表皮为一层长方形的细胞组成，下表皮为一层较小的扁平细胞组成，具气孔。上下表皮都有腺鳞和非腺毛。

2. 叶肉

（1）栅栏组织　细胞圆柱形，排列紧密。内含叶绿体。

（2）海绵组织　细胞排列疏松，胞间隙较大。

3. 叶脉　无限外韧型维管束，上方为木质部，由 2～5 个导管纵列组成；下方为韧皮部，细胞较小，一般为多角形，形成层明显。

二、观察单子叶植物叶片的构造

用显微镜观察淡竹叶叶片的横切片，可见下列各部分：

1. 表皮　上表皮细胞类方形，大小不一。壁较薄，泡状细胞呈扇形。下表皮细胞较小，排列紧密、整齐。上下表皮均可见到气孔及非腺毛。

2. 叶肉　由一列短圆柱形薄壁细胞和排列疏松的不规则薄壁细胞组成，内含叶绿体，栅栏组织和海绵组织分化不明显。

3. 叶脉　外韧型维管束，木质部和韧皮部之间有 1～3 列厚壁纤维隔离维管束，有由两列细胞组成的维管束鞘包围内鞘，为厚壁组织。外鞘为薄壁组织。

【实训报告】

1. 绘薄荷叶横切面结构简图，并注明各部分名称。

2. 绘淡竹叶叶片横切面结构简图，并注明各部分名称。

实训九　观察孢子植物形态特征

【实训目的】

1. 掌握菌类植物形态特征。
2. 熟悉藻类植物、蕨类植物形态特征。
3. 熟悉常见的代表植物。
4. 了解地衣植物、苔藓植物形态特征。

【实训器材】

1. **仪器用品**　显微镜、解剖用具（解剖针、刀片、镊子）、培养皿、纱布、吸水纸、擦镜纸等。
2. **材料试剂**　海带、冬虫夏草、地钱、石松、卷柏、海金沙。

【实训内容】

1. 藻类植物

观察海带，可见褐色藻体由固着器、柄和带片三部分组成。带片革质，深橄榄绿色，注意带片上无孢子囊形成的区域和有孢子囊形成的区域的区别。其两面深褐色的斑块，是具有孢子囊的区域。

2. 菌类植物

观察冬虫夏草，可见其是由虫体和从头部长出的真菌子座相连而成。细长呈棒球棍状，上部为子座头部，稍膨大，呈窄椭圆形，褐色，除先端小部外，密生多数子囊壳，子囊壳近表面生基部大部陷入子座中，先端凸出于子座外，卵形或椭圆形，每一个子囊内有8个具有隔膜的子囊孢子。虫体表面深棕色，有 20～30 环节，腹面有足 8 对，形略如蚕。

3. 苔藓植物

观察地钱，植物体呈叶状，扁平，匍匐生长，背面绿色，在背面可见表皮上有气室和气孔，腹面具紫色鳞片和假根。

4. 蕨类植物

（1）观察石松，匍匐茎蔓生，直立茎高 30cm 左右，二叉分枝。叶小，多为针状，叶的基部膨大。孢子枝高出营养枝，生于直立茎的顶端。孢子叶卵状三角形，聚生枝顶，形成孢子叶穗，孢子叶穗 2～6 个生于孢子枝的上部。

（2）观察卷柏，主茎短或长，着生多数须根，上部分枝多而丛生。叶为明显的二型，鳞片状，有中叶与侧叶之分，侧叶两行较大，长卵圆形，中叶两行较小，孢子叶穗顶生，四棱形。

（3）观察海金沙，草质藤本，根状茎横走，被细柔毛。叶二型，能育羽片卵状三角形，不育羽片尖三角形，2～3回羽状，小羽片2～3对。孢子囊穗生于能育羽片的背面边缘，流苏状排列，孢子表面有疣状突起。

【实训报告】

1. 总结冬虫夏草主要特征。
2. 绘制地钱形态结构简图。
3. 绘制石松形态结构简图。

实训十 观察裸子植物形态特征

【实训目的】

1. 掌握裸子植物的主要形态特征。
2. 熟悉常见的代表植物。

【实训器材】

1. **仪器用品** 显微镜、解剖用具（解剖针、刀片、镊子）、培养皿、纱布、吸水纸、擦镜纸等。
2. **材料试剂** 银杏、马尾松、侧柏、红豆杉、草麻黄。

【实训内容】

1. 银杏

乔木，多分枝，有长、短枝之分；叶扇形，具柄，分叉脉序，长枝上的叶螺旋状散生，2裂；短枝上的叶丛生，常具波状缺刻。球花雌雄异株，单性，生于短枝顶端的鳞片状叶的腋内，呈簇生状。

2. 马尾松

叶在长枝上为鳞片状，在短枝上为针状，2针一束，细长而柔软。雄球花生于新枝下部，淡红褐色；雌球花常2个生于新枝顶端。球果卵圆形或圆锥状卵形，成熟后栗褐色。种子长卵圆形，具单翅，子叶5～8枚。

3. 侧柏

小枝扁平，排列成一个平面。叶小，全为鳞片叶，交互对生，紧贴小枝上。球花单性同株。球果单生枝顶，卵状矩圆形。种鳞4对，扁平，覆瓦状排列，有反曲的尖头，熟时开裂，种鳞木质化，各有种子1~2枚。种子卵形，无翅或有棱脊。

4. 红豆杉

叶条形，螺旋状着生，基部扭转成二列，叶缘微反曲，叶端具微凸尖头，叶背有2条宽黄绿色或灰绿色气孔带，中脉上密生有细小凸点。雌雄异株，雄球花圆球形，有梗，单生于叶腋；雌球花几无梗，其胚珠单生于花轴上部侧生短轴之顶端的苞腋。种子扁卵圆形，上部渐窄，有2棱，种脐卵圆形，生于杯状红色肉质假种皮中。

5. 草麻黄

亚灌木，草质茎绿色，小枝对生或轮生，节明显，小枝节间有细纵沟槽，叶膜质鳞片状，下部1/3~2/3合生，上部2裂。花单性异株，雄球花常聚集成复穗状，有苞片2~5对，每1苞片中有1朵雄花；雌球花有苞片4~5对，注意最上1对苞片内各有1雌花，每雌花外有革质的假花被包围。胚珠有1层膜质珠被，珠被（孔）管直立，成熟时苞片增厚成肉质，红色，浆果状，内有种子2枚。

【实训报告】

1. 列表记录所观察的裸子植物名称及药用部位等。
2. 根据观察结果，写出裸子植物的特征。

实训十一　观察被子植物形态特征（一）
——马兜铃科、蓼科、毛茛科、芍药科、木兰科

【实训目的】

1. 掌握马兜铃科、蓼科、毛茛科、芍药科、木兰科的主要特征。
2. 熟悉植物形态的描述方法、花的解剖和记录方法。
3. 识别实验中所用的药用植物，熟练使用被子植物分科检索表。

【实训器材】

1. **仪器用品**　解剖镜、放大镜、眼科镊、解剖针、解剖刀、检索表、植物志、图鉴等。

2. **材料试剂**　马兜铃、北马兜铃（或北细辛、华细辛、汉城细辛）；虎杖、掌叶大黄（或何首乌、拳参、萹蓄、金荞麦等）；毛茛、白头翁（或黄连、乌头、升麻、威灵仙等）；芍药、凤丹（或牡丹）；玉兰、厚朴（或凹叶厚朴、望春花、五味子、八角茴香等）

具花、果的新鲜标本、腊叶标本或浸制标本。

【实训内容】

1. 马兜铃科

（1）马兜铃　草质藤本。注意叶片形状（三角状狭卵形至卵状披针形，基部心形）。解剖花：注意花被管的形状、雄蕊数、果实类型（蒴果长球形，6瓣裂），种子形状（种子具宽翅，三角形）。果实（马兜铃）入药，地上部分（天仙藤）入药。

（2）北马兜铃　注意与马兜铃的区别。叶片三角状心形；花数朵簇生于叶腋，花被顶端具线状尖尾。

2. 蓼科

（1）虎杖　多年生粗壮草本。根及根状茎粗大。地上茎中空，散生红色或紫红色斑点。叶阔卵形，托叶鞘短筒状。花单性异株，圆锥花序；注意花着生的位置、性别、雄蕊的数目；横切子房或果实观察雌蕊的类型、心皮数、子房位置、子房室数、胎座的类型；柱头3；瘦果。

（2）掌叶大黄　注意观察根的形状及断面、颜色，基生叶与茎生叶形态，托叶、花序及果实特征。解剖花：花的性别、花被数、雄蕊数、雌蕊的子房位置、心皮数、果实形状。根和根茎药用。

3. 毛茛科

（1）毛茛　多年生草本，全株具粗毛。叶片五角形，3深裂，中裂片又3浅裂。顶生聚伞花序。取一朵花观察，注意花萼、花冠、雄蕊、雌蕊的数目，子房位置，聚合瘦果。

（2）白头翁　多年生草本，全株密生白色长柔毛。根圆锥形，外皮黄褐色，常有裂隙。叶基生，3全裂，裂片再3裂。花茎由叶丛抽出，顶生一花。取一朵花观察，注意花萼数目，有无花瓣，雄蕊、雌蕊的数目，子房位置，瘦果形状。

4. 芍药科

芍药　草本。注意植物体形状，叶的分裂情况。花的萼片、花瓣离生；雄蕊多数；心皮2～5离生，有花盘。果实类型（聚合蓇葖果，卵形，先端钩状外弯曲）；根药用。

5. 木兰科

（1）玉兰　落叶乔木，叶倒卵形至倒卵状长圆形，叶面有光泽，叶背被柔毛；注意花被片数目，雄蕊、雌蕊的数目，子房位置，果实类型（聚合蓇葖果）。

（2）厚朴或凹叶厚朴　观察其花被片数目、雄蕊和雌蕊的数目、果实形状及类型。

以上内容做完后，将所有实验材料利用被子植物分科检索表检索到科或属。

【实训报告】

1. 写出马兜铃科、蓼科、毛茛科、木兰科的主要特征。
2. 写出实训所用植物的检索路线。

实训十二　观察被子植物形态特征 （二）
——十字花科、蔷薇科、豆科、芸香科、伞形科

【实训目的】

1. 掌握十字花科、蔷薇科、豆科、芸香科、伞形科的主要特征。
2. 熟悉植物形态的描述方法、花的解剖和记录方法。
3. 识别实验中所用的药用植物，熟练使用被子植物分科检索表。

【实训器材】

1. 仪器用品　解剖镜、放大镜、眼科镊、解剖针、解剖刀、检索表、植物志、图鉴等。

2. 材料试剂　菘蓝、独行菜（或萝卜、白芥、荠菜等）；龙牙草、杏（或桃、山楂、地榆、金樱子、月季、玫瑰等）；决明、膜荚黄芪（或甘草、合欢、槐、野葛、苏木、补骨脂等）；橘、黄檗（或吴茱萸、酸橙、白鲜、花椒、枸橼等）；柴胡、白芷（或当归、防风、茴香、川芎等）具花、果的新鲜标本、腊叶标本或浸制标本。

【实训内容】

1. 十字花科

（1）菘蓝　一年生至二年生草本。主根圆柱形。全株灰绿色。基生叶有柄，长圆状椭圆形；茎生叶较小，长圆状披针形，基部垂耳圆形，半抱茎。圆锥花序。注意观察花萼、花冠、雄蕊、雌蕊的数目、位置。横切子房或果实观察雌蕊的类型、心皮数、子房位置、子房室数、胎座的类型；角果。根（板蓝根）、叶（大青叶）、茎叶加工品（青黛）入药。

（2）萝卜　重点观察花冠类型、雄蕊数目及类型、胎座类型、假隔膜、果实类型。

2. 蔷薇科

（1）龙牙草　多年生草本，全体密生长柔毛。奇数羽状复叶，小叶 5～7，小叶大小不等相间，小叶椭圆状卵形或倒卵形，边缘有锯齿。圆锥花序顶生。取一朵花观察，注意花萼、花冠、雄蕊、雌蕊的数目，子房位置、心皮数、室数，果实类型（瘦果）。

（2）杏　落叶小乔木。小枝浅红棕色，有光泽。单叶互生，叶卵形至近圆形，边缘有细钝锯齿；叶柄近顶端有 2 腺体。花单生枝顶，先叶开放。取一朵花观察，注意花萼、花冠、雄蕊的数目，子房位置、心皮数目、室数，果实类型（核果）。

3. 豆科

（1）决明　一年生半灌木状草本。叶互生；偶数羽状复叶，小叶 6 枚，倒卵形或倒卵状长圆形。花成对腋生。取一朵花观察，注意花萼、花冠、雄蕊、雌蕊的数目，子房位置、心皮数目，果实类型（荚果）。

（2）膜荚黄芪　多年生草本。单数羽状复叶，小叶 9～25，椭圆形或长卵形，两面有白色长柔毛。总状花序腋生。取一朵花观察，注意花萼、花冠、雄蕊、雌蕊的数目，子房位置、心皮数目、胎座类型，果实类型。

4. 芸香科

（1）橘　常绿小乔木或灌木，具枝刺。叶互生，革质，卵状披针形，单身复叶，叶翼不明显。取一朵花观察，注意花萼、花冠、雄蕊、雌蕊的数目，子房位置，将子房横切，观察胎座类型、种子的数目、果实类型（柑果）。

（2）黄檗　落叶乔木，树皮木栓发达，观察树皮木栓层内层颜色（黄色）、叶的类型（奇数羽状复叶，对生）、雄蕊数目及着生位置，观察果实的形状和类型（浆果状核果）等。

5. 伞形科

（1）柴胡　多年生草本。主根较粗，少有分枝，黑褐色。茎多丛生，上部分枝多，稍成"之"字形弯曲。茎中部叶倒披针形或披针形，全缘，具平行叶脉 7～9 条，注意观察花序类型、伞辐的数目。取一朵花观察花萼、花冠、雄蕊、雌蕊的数目，子房位置，胚珠数目，果实类型（双悬果）。

（2）白芷　多年生高大草本。根长圆锥形。茎粗壮，叶鞘暗紫色。茎中部叶二至三回羽状分裂，最终裂片卵形至长卵形，基部下延成翅；上部叶简化成囊状叶鞘。注意观察花序类型、总苞片的数目。取一朵花观察花萼、花冠、雄蕊、雌蕊的数目，子房位置，胚珠数目，双悬果椭圆形。

以上内容做完后，将所有实验材料利用被子植物分科检索表检索到科或属。

【实训报告】

1. 写出十字花科、蔷薇科、豆科、伞形科的主要特征。
2. 写出实训所用植物的检索路线。

实训十三 观察被子植物形态特征 （三）

——木犀科、唇形科、茄科

【实训目的】

1. 掌握木犀科、唇形科、茄科的主要特征。

2. 熟悉植物形态的描述方法、花的解剖和记录方法。

3. 识别实验中所用的药用植物，熟练使用被子植物分科检索表。

【实训器材】

1. 仪器用品 解剖镜、放大镜、眼科镊、解剖针、解剖刀、检索表、植物志、图鉴等。

2. 材料试剂 连翘、女贞 （或白蜡树、苦枥白蜡树、尖叶白蜡树、宿柱白蜡树）；益母草、丹参 （或薄荷）；白花曼陀罗、酸浆 （或宁夏枸杞） 等植物具花、果的新鲜标本、腊叶标本或浸制标本。

【实训内容】

1. 木犀科

连翘 落叶灌木，注意叶片形状及是否分裂。取 1 朵花解剖观察，注意花萼、花冠、雄蕊数目，子房位置，果实类型 （蒴果狭卵形，木质，表面有瘤状皮孔）。果实 （连翘） 入药。

2. 唇形科

（1） 益母草 草本，茎方形。注意基生叶、中部叶、顶生叶的形状 （异形叶性）。判断花序的类型。取 1 朵小花解剖观察，注意花萼 5 裂，其中前两齿较长；花冠二唇形，粉红色至淡紫红色，上唇直立，全缘，下唇 3 裂；注意雄蕊几枚，什么类型，花柱如何着生。子房上位，2 心皮合生，4 深裂成假四室；4 枚小坚果。

（2） 丹参 观察丹参的形态特征，注意其花冠、雄蕊的特点。

2. 茄科

（1） 白花曼陀罗 观察叶序、叶片形状，叶基及叶缘的特征，花着生的位置。取一朵花解剖观察，花萼长筒状，5 裂；花冠漏斗状，白色，具 5 棱，顶端 5 裂；雄蕊 5，与花冠裂片互生，花丝中部以下着生在花冠筒内，上部分离；注意子房位置，横切子房判断心皮数、子房室数及胎座类型。蒴果，表面疏生短刺，基部有随果增大的宿存萼。

（2）酸浆　叶卵形或长卵形，基部偏斜。浆果球形，被宿存、膨大、红色的花萼包住，故名"锦灯笼"。

以上内容做完后，将所有实验材料利用被子植物分科检索表检索到科或属。

【实训报告】

1. 写出木犀科、唇形科、茄科的主要特征。
2. 写出实训所用植物的检索路线。

实训十四　观察被子植物形态特征 （四）
——玄参科、葫芦科、桔梗科、菊科

【实训目的】

1. 掌握玄参科、葫芦科、桔梗科、菊科的主要特征。
2. 熟悉植物形态的描述方法、花的解剖和记录方法。
3. 识别实验中所用的药用植物，熟练使用被子植物分科检索表。

【实训器材】

1. 仪器用品　解剖镜、放大镜、眼科镊、解剖针、解剖刀、检索表、植物志、图鉴等。

2. 材料试剂　玄参、地黄（或胡黄连、苦玄参等）；南瓜、栝楼（或丝瓜、罗汉果、冬瓜、西瓜等）；桔梗、党参（或沙参、轮叶沙参、半边莲等）；向日葵、蒲公英（或大蓟、牛蒡、野菊、白术、紫菀、千里光等）具花、果的新鲜标本、腊叶标本或浸制标本。

【实训内容】

1. 玄参科

（1）玄参　草本。根粗大，数条簇生。茎方形。下部叶对生，上部叶有时互生，叶片卵形至卵状披针形，边缘有细锯齿。取一朵花解剖观察，注意其花萼、雄蕊有几枚，什么类型。观察雌蕊的心皮数、子房室数、胚珠数、子房的位置等。果实类型（蒴果卵形）。根入药。

（2）地黄　草本，全株密被灰白色柔毛及腺毛。根肥大块状。叶基生，密集成莲座状，叶片倒卵形或长椭圆形。注意花序类型（总状花序顶生）；花冠的形状、颜色；雄蕊数目、类型。

2. 葫芦科

（1）南瓜　取南瓜带花果的植株观察，一年生草质藤本，全株被粗毛；节间中空，有卷须；单叶互生，宽卵形或卵圆形，掌状 5 浅裂；注意花着生的位置、雄蕊的数目；横切子房或果实观察雌蕊的类型、心皮数、子房位置、子房室数及胎座的类型；柱头 3；果实类型（瓠果）。

（2）栝楼　观察其形态特征，注意与南瓜的区别。

3. 桔梗科

（1）桔梗　草本。是否有乳汁？全株光滑无毛。单叶互生、对生或轮生；叶片卵状椭圆形。花单生或数朵生于枝端，成疏散总状花序；注意花冠形状、颜色，花萼、雄蕊的数目；子房半下位，5 室，花柱 5 裂。果实类型（蒴果，顶部 5 瓣裂）。根（桔梗）入药。

（2）党参　多年生缠绕草质藤本，具特异臭气，含乳汁。根圆柱形，顶端膨大，具多数芽和瘤状茎痕，向下有横环纹。叶互生，常为卵形，基部近心形，两面有毛。花单生枝顶；注意花冠颜色、形状；花萼、雄蕊数目；子房位置。

4. 菊科

（1）向日葵　一年生高大草本。茎圆柱形，有发达的髓部。单叶，宽卵形或心状卵形，基部叶对生，上部叶互生。头状花序单生于茎顶或叶腋；外围有多层绿色总苞片。花序中的花有两种类型，边缘为舌状花，黄色，不结实；中央为两性管状花。取一朵管状花解剖观察，注意其花萼是否特化为冠毛，雄蕊有几枚、什么类型；观察雄蕊（可用果实做辅助观察）的心皮数、子房室数、胚珠数、子房的位置等。果实类型（瘦果）。

（2）蒲公英　多年生草本，有乳汁。叶全部基生成莲座状，倒披针形或倒卵形，羽状深裂。要看清头状花序外围总苞的层数，总苞片的形状。花序中全部为舌状花。取一朵舌状花观察，其结构与向日葵有什么不同（花萼和花冠）；雄蕊与雌蕊的构造与向日葵的管状花基本相同。

（3）大蓟　观察大蓟的形态特征，注意其与向日葵和蒲公英在小花的形状、冠毛的有无、是否有乳汁等情况的区别，从而判断这三种植物各属何亚科。

以上内容做完后，将所有实验材料利用被子植物分科检索表检索到科或属。

【实训报告】

1. 写出玄参科、葫芦科、桔梗科、菊科的主要特征。
2. 写出实训所用植物的检索路线。

实训十五　观察被子植物形态特征（五）

——禾本科、天南星科、百合科、姜科、兰科

【实训目的】

1. 掌握禾本科、天南星科、百合科、姜科、兰科的主要特征。

2. 熟悉各科花的解剖及记录方法。

3. 熟练查阅检索表，识别各科的代表药用植物。

【实训器材】

1. **仪器用品**　解剖镜、放大镜、眼科镊、解剖针、解剖刀、检索表、植物志、图鉴等。

2. **材料试剂**　小麦、半夏、天南星（或异叶天南星、东北天南星）；百合、黄精（或玉竹、麦冬、川贝母、平贝母、知母、天冬、七叶一枝花）；阳春砂、草果（或益智、姜、姜黄）、天麻、白及等植物具花、果的新鲜标本、腊叶标本或浸制标本。

【实训内容】

1. 禾本科

小麦　取一个小穗进行观察，每个小穗只含有一朵发育的小花，小穗基部颖片退化，只有残留痕迹。在发育花基部可看到两个鳞片状的秤片，它是两朵退化花的外秤，其余部分均已退化；再用镊子将发育花的内外秤分开，可见其外秤大而硬，呈船形，往往有芒，内秤较小，外秤和内秤之间，即位于子房基部有 2 个浆片，6 个雄蕊，雌蕊由 2 个心皮组成，1 室，1 胚珠，柱头 2 裂，呈羽毛状（颖果被外秤和内秤包住）。注意茎上的节与节间，叶片条状披针形，叶舌膜质披针形，具叶耳。

2. 天南星科

（1）**天南星**　注意其花细小，组成特殊的具佛焰苞的肉穗花序，注意其佛焰苞的特点，肉穗花序附属体为何性状，雌、雄花的性状及其在肉穗花序上的排列，注意观察花被之有无、雄蕊及子房的数目与着生情况。注意叶是掌状全裂还是掌状复叶，叶片几裂（枚），浆果为何颜色。

（2）**异叶天南星**　与天南星的区别是叶呈鸟足状分裂，注意中间一个裂片明显短于相邻裂片，肉穗花序上部为雄花，大部分不育，有的变成钻状的中性花；下部为雌花。块茎药用。

（3）半夏　草本，块茎扁球形。一年生为单叶，成年植株为三出复叶。叶柄近基部内侧有株芽。肉穗花序为雄花在上部，雌花在下部，观察是否每个雄花仅有 2 个雄蕊，每个雌花只有雌蕊；横切子房，看子房室数及胚珠数。浆果。块茎药用。

3. 百合科

（1）百合　草本，具鳞茎。叶片披针形至倒卵形。看花冠是否为喇叭状；花被片与雄蕊各为 6，花被片基部具蜜槽是百合属的特点，新鲜的花还能看到花乳白色，先端外弯，花冠喉部浅黄色。横切，观察子房几室，什么胎座。蒴果。鳞叶（百合）入药。

（2）黄精　观察是否具根状茎，为何种叶序。注意叶条状披针形，先端卷曲。花序腋生，2~4 朵花排成伞形状，下垂，苞片膜质，位于花梗基部；花近白色。浆果成熟时黑色。根茎（黄精）入药。

（3）麦冬　草本。根状茎细长横走；块根纺锤形。叶基生，条形。总状花序短于叶；花淡紫色，花柄有关节，花盛开时花被片几乎不展开，注意花被片与雄蕊是否 6 枚；子房半下位。浆果蓝黑色。块根（麦冬）入药。

4. 姜科

（1）姜　草本，根状茎特征（块状或不规则指状分枝），叶片披针形。注意花序类型（穗状）及着生位置，花的性别、对称性，花的颜色（花冠黄绿色，唇瓣中裂片具紫色条纹及黄色斑点）。与二侧裂片连合成三裂片。观察雌蕊心皮数、室数、胚珠数、胎座类型、子房位置。观察果实类型。根茎入药。

（2）姜黄　根状茎断面深黄色至黄红色，叶片椭圆形。穗状花序，花冠裂片白色，唇瓣长圆形，中部深黄色。根茎（姜黄）、块根（郁金）入药。

（3）阳春砂　具匍匐的根状茎。叶 2 列，叶片长披针形，具尾尖，叶鞘上有凹陷的方格网纹。观察什么花序自根状茎生出。果不裂，紫色，有刺状突起。果实入药。

5. 兰科

（1）天麻　草本，块茎具环节。叶膜质。观察总状花序着生部位，花被下部是否合生成壶状（下部壶状，上部歪斜），花被片数目及轮数，唇瓣的特征，是否为合蕊柱，雄蕊数目及着生位置，花粉是否黏合成花粉块，以及雌蕊心皮数、室数、胚珠数、胎座类型、子房位置。观察果实类型（蒴果），种子特征（细小、极多、粉末状）。块茎入药。

（2）白及　注意块茎呈三角状扁球形。叶 3~6 枚，带状披针形，基部鞘状抱茎。观察是否为顶生总状花序，蒴果是否圆柱形，是否有 6 条纵棱。

以上内容做完后，将所有实验材料利用被子植物分科检索表检索到科或属。

【实训报告】

1. 写出禾本科、天南星科、百合科的主要特征。

2. 绘制百合、白及花的结构图。

3. 写出兰科植物的花程式。

4. 写出百合科、兰科的检索路线。

实训十六　制作腊叶标本

【实训目的】

1. 掌握腊叶标本的制作方法。

2. 熟悉植物形态的描述方法、花的解剖和记录方法。

3. 识别实验中所用的药用植物，熟练使用被子植物分科检索表。

【实训器材】

1. **仪器用品**　标本夹、吸水草纸、麻绳（捆标本夹用）、方搪瓷盘、镊子、剪刀、大号缝衣针、白线或棉线条、顶针、台纸（质地较坚硬的白板纸，一般长宽为 40cm × 30cm）、油光纸、解剖针、解剖镜、铅笔、橡皮、米尺、大小纸袋（保存标本上脱落的花、果、种子、叶片和采集种子用）、工具书、检索表、野外记录本、号签、野外记录签。

2. **材料试剂**　新鲜的植物、0.4% 的升汞（氯化高汞）乙醇溶液（95% 酒精 1000mL 加 4g 升汞）、阿拉伯树胶。

【实训内容】

植物腊叶标本主要适用于种子植物和蕨类植物，也适用于部分苔藓、地衣、菌类、藻类植物。其制作的基本步骤是采集、整理、压制、换纸、消毒、装订。

一、整理

将采集的材料进行初步分类和整理，清洗或擦除标本材料上的污泥，使植株保持自然状态，除去部分过多的枝叶，以免彼此重叠太厚，不易压平而生霉。但整形时要注意保留其分枝及叶柄的一部分，以示原来状况，保持原有特征。如果叶片太大不能在夹板上压制，可沿中脉一侧剪去全叶 40%，保留叶尖。若是羽状复叶，可将叶轴一侧的小叶剪短，保留小叶基部和复叶顶端小叶。对景天科、天南星科等肉质植物，则先用开水杀死。对球茎、块茎、鳞茎等除用开水杀死外，还要切除一半，然后再压制，可促其干燥。花应展开，以便看到内部结构。大的果实要切成薄片压制。

二、编号及记录

野外采集号数要前后连贯，不要重号、漏号，同时同地采集的同种植物编为同一个号，同种植物在不同地点、不同时间采集，要另编一号。每份植物标本上都要有号牌，号牌上的采集号数要与记录本上的相一致。每号标本的份数也应在记录本上登记。每一种植物标本的记录要占有一号及记录本上的一页，并长期保存和备用。填写号牌和采集记录本均须用铅笔，不可用圆珠笔或钢笔，以免日久，或遇水，或消毒时褪色。

```
┌─────────────────────────┐
│  ○                      │
│                         │
│  采集号 _____  │
│  采集地 _____  │
│  采集者 _____  │
└─────────────────────────┘
```

三、压制

整理好的标本逐份夹入标本夹中。先将标本夹平放，上置 5 ~ 6 层吸水草纸，将已整形的标本置于纸上，草本植物应连根压入。如果植株过长，可弯折成"V"或"N"形，也可选其形态上有代表性的部分，剪成上、中、下三段，分别压在标本夹内，但要注意编同一采集号，以备鉴定时查对。每份标本的叶片除大多数正面向上外，应有少数叶片使其背面向上用以显示背面的特征。

每份标本上面盖 2 ~ 3 层草纸，再放另一份标本（草纸厚薄可根据标本含的水分多少而增减），所有标本压完后，最上面一份标本，需盖上 5 ~ 6 层纸，再放上另一块标本夹，用麻绳将标本夹横木捆紧。捆标本时，注意四面平展，否则标本压得不整齐，还会损坏标本夹。将压有标本的标本夹放在日光下晒或置于通风处。

在压标本时，各标本要按编号顺序排列，同时在标本夹上注明由几号到几号标本；采集日期和地点。这样既有利于将来查找，又可以及时发现在换纸过程中丢失的标本。

四、换纸

换纸关系到标本质量的好坏，换纸越勤，标本干得越快，原色就保存得越好。标本压入标本夹后的前两三天，每天换纸 2 ~ 3 次，以后可每一两天换一次纸。每次换下来的潮湿纸，要及时晒干或烘干，以供继续使用。第一次换纸时，要用镊子整理每一朵花和每一片叶，凡是折叠的部分都要展开。换纸过程中脱落的叶、花、果及蕨类植物的孢子、鳞毛等都应仔细装入纸袋，并附以原标本号，单独存放。

在换纸时，植物根部或粗大部分要经常调换位置，不可集中一端或中央致使高低不均，使标本压不好。

五、消毒

干制后的标本常有害虫和虫卵，必须进行消毒，以防虫蛀。消毒的方法有很多，如将标本放入消毒室或消毒箱内，将敌敌畏或者四氯化碳、二硫化碳的混合物置于器皿内，进行熏杀消毒，时间约为 3 天。第二种是将已压干的标本置于 0.4% 的升汞（氯化高汞）乙醇溶液中浸泡 5 分钟左右（视茎叶花果的厚薄而定），然后取出放干纸中并勤换纸至干，方能装订在台纸上（注意：升汞为剧毒药品，使用时必须戴口罩和胶皮手套，结束后要及时洗手，以免中毒，药品使用后应专人保管，使用时必须有两人在场才能领取药品）。消毒过的标本台纸上要盖上"升汞"字样。第三种是低温消毒法，将压干的标本捆成一叠一叠，放于低温冷柜（−18～−30℃）条件下，将标本冷冻 72 小时，即可起到杀菌消毒作用。

六、装订

承托腊叶标本的白板纸称作台纸，通常为八开，大约长 40cm、宽 30cm。每张台纸上只能固定相同采集号的一种标本。先将腊叶标本按自然状态摆在台纸上，注意在台纸右下角和左上角各留出一些空间，以备贴标本名签和野外记录的复写单。然后装订标本。常用固定方法有以下几种：

1. 订线

适于枝条粗硬的标本，用针引线，从粗的茎或粗的叶柄基部两侧穿过做套勒紧，再将线两端于台纸背面打结，然后用小块纸片粘贴线结并压平。

2. 纸条固定

用小刀在茎或粗大的叶柄两侧的台纸上左右各划一纵口，把 4～5mm 宽的韧性较强的白纸条从该纵口穿入，从台纸背面捏住纸条两端轻轻拉紧，然后用胶水粘在台纸的背面。

3. 纸条贴压

适于枝条纤细的标本。把细纸条压在茎或粗大的叶柄上，两端涂抹浆糊，分别粘在台纸上。

4. 溶剂固定

用过氧乙烯树脂一份，溶解在 4～5 倍的四氯乙烷溶液中，然后装入塑料油壶中。使用方法是：将上述黏合胶液均匀地涂抹到标本的一面，再将标本粘到台纸上，约 10 小时后溶液全部挥发，胶液变成硬质塑料状，标本即牢固地固定于台纸上。

标本固定完毕后，在台纸的左上角贴上野外采集记录笺和装有脱落物的小纸袋，在右下角贴上定名笺。

为了防止标本磨损，最后还需在台纸上面贴上盖纸（一般为半透明的油光纸），这样一份腊叶标本就制成了。

植物标本采集记录笺

采集时间_____　　采集号_____

采集地点_____　　生长环境_____

海　拔_____　　　性　状_____

根（地下茎）_____

茎_____

叶_____

花_____

果实_____

种子_____

采集者_____

备注（乳汁、气味等）_____

植物标本定名笺

标本名称_____　　标本号_____

拉丁名_____　　　科　名_____

药用部位_____　　药材名_____

功　效_____

采集时间_____　　采集地点_____

采集人_____　　　鉴定人_____

备　注_____

七、保存

凡经上台纸和装入纸袋的高等植物标本，经正式定名后，都应放入标本柜中保存。

1. 标本柜以铁制的最好，可以防火，但价格贵。通常采用两节四间的标本柜，柜分上下两节，这样易于搬动。柜内可放樟脑防虫剂，以防虫蛀。

2. 腊叶标本在标本柜内排列方式主要有以下几种：

（1）按系统排列　各科排列顺序可按现在一般较为完整的系统，如哈钦松系统、恩格勒系统等，目前一些较大的标本室都是采用此种排列方式。

（2）按地区排列　把同一地区采来的标本放在一起，这样对研究某地区植物或野生资源植物的调查比较方便。但在地区内仍要遵照系统或拉丁字母顺序排列。

（3）按拉丁文字母顺序排列　这种排列方式对熟悉拉丁学名的人使用起来非常方便。

以上各种方式，可根据不同情况、不同需要来采用。

【实训报告】

总结制作腊叶标本的方法与步骤。

实训十七　制作浸制标本

【实训目的】

1. 掌握植物浸制标本制作的基本原理。
2. 熟悉植物浸制标本的采集和制作方法。

【实训器材】

1. 仪器用品　天平、水浴锅、标本瓶（15cm×25cm）、大烧杯（用来煮绿色标本）、量筒、载玻片（用来固定标本）、白线（用来固定标本）、剪刀、玻棒、标签纸等。

2. 药品试剂　酒精、甲醛（或福尔马林）、醋酸铜（或硫酸铜）、冰醋酸、硼酸、亚硫酸、氯化钠、石蜡等。

3. 植物材料　新鲜完整的草本植株；木本植物绿色叶枝（枝条长度取25～30cm）；成熟的新鲜红色果蔬（如小番茄、樱桃、红枣、红色小萝卜等）；新鲜黄色果蔬（如姜、梨、金橘、黄番茄等）。每小组准备一种颜色的植物材料。

【实训内容】

植物浸制标本一般经过采集、制作、记载等一系列步骤来完成。

一、植物标本的采集

自然界植物种类繁多，采集标本要根据使用目的而定。

采集标本时应注意以下几点：

1. 必须采集完整的标本。被子植物尽量采到花、果和种子，草本植物要求尽量根、茎、叶、花、果实和种子采全。对一些有地下茎的种类，必须采集这些植物的地下部分，否则将难以鉴定。

2. 雌雄异株的植物，应分别采集雌株和雄株。

3. 乔木、灌木或特别高大的草本植物，只能采取其植物体的一部分。但必须注意采集该植物具有代表性的部分。

4. 对寄生植物的采集，应注意连同寄主一起采下，并要分别注明。

5. 采集标本的份数，一般要采 2～3 份，给以同一个编号。

6. 采集标本时应注意爱护资源，特别是稀有植物。

7. 必须认真做好野外记录。

二、标本的清理

标本采集后，在制作前还必须经过清理，目的是除去杂质，使要展示的特征更为突出。清理一是除去枯枝烂叶，除去凋萎的花果，若叶子太密集，还应适当修剪；二是用清水洗去泥沙杂质。

标本清理后，应尽快进行制作，否则时间太久，有的标本的花、叶容易变形，影响效果。

三、原色植物浸制标本制作方法

原色植物浸渍液的配方很多，常根据浸制标本的色泽和浸制目的进行选择。

1. 绿色标本的浸制

植物体之所以呈绿色是因为植物体的叶绿体中含有叶绿素，叶绿素是一种复杂的有机化合物，其分子结构的中央有一个金属镁原子，叶绿素呈现绿色的原因就是由于含有镁原子的核心结构。

绿色浸制标本的基本原理是用铜离子置换叶绿素中的镁离子。具体做法是利用酸的作用把叶绿素分子中的镁分离出来，此时因叶绿素缺镁，所以植物就变成褐色。用 Cu 置换叶绿素分子核心镁，以铜原子为核心的叶绿素分子结构很稳定，不容易分解破坏，且不溶于酒精或福尔马林中，所以如此处理过的植物标本在保存液中可以永久保存绿色。

绿色浸制标本制作，通常先用固定液固定颜色，然后用清水漂洗，最后置于保存液中保存。方法如下：

（1）醋酸铜、醋酸液处理浸制法：用 50mL 冰醋酸和 50mL 水配成 50％ 醋酸溶液，在溶液中慢慢加入醋酸铜粉末，不断搅拌，直到饱和为止（100mL 可溶醋酸铜约 6g），配成醋酸铜母液。按标本染色深浅的不同，将醋酸铜母液用水稀释至 3～4 倍，将溶液倒入大烧杯内加热至 85℃。然后将标本放入，并轻轻翻动，不久材料由绿色变黄、变褐，继续加热直至材料又变成绿色时即可停止加热。取出绿色标本，在清水里漂洗干净，浸入 5％ 的福尔马林溶液瓶中保存。保存液一定要没过标本。

上述方法中也可用硫酸铜代替醋酸铜，配成饱和的硫酸铜溶液（约 100mL 可溶硫酸铜 6g），用硫酸铜溶液同上述方法处理绿色植物。

（2）针对有些比较薄嫩容易软烂的植物，可以直接浸到饱和醋酸铜 100mL 和醋酸

10 ~ 16mL 的混合液中，或者浸到硫酸铜饱和溶液 700mL、福尔马林 50mL、水 250mL 混合液中，浸泡 8 ~ 14 天后，取出用水洗净，再浸入 4% ~ 5% 的福尔马林中保存。

2. 红色标本的浸制

红色主要是由于其内含有花青素，花青素溶于水，其分子的基本结构是由两个芳香环——A 环和 B 环组成，花青素随着 pH 的变化可使植物的花现出各种颜色；在酸性下可保持红色反应。方法如下：

（1）硼酸、酒精、福尔马林液浸制法　取硼酸粉末 45g 溶于 200 ~ 400mL 水中，然后加入 75% ~ 90% 酒精 200mL，福尔马林 30mL，混合澄清，用澄清液保存标本。如保存粉红色标本时，须将福尔马林减至微量或不加。

（2）福尔马林、硼酸溶液浸制法　取 4mL 福尔马林、4g 硼酸、400mL 水配置成福尔马林硼酸溶液。选择完整成熟的新鲜果实（如小番茄、樱桃、桃、杏、枣等），洗净后浸入上述溶液中，当果实由红色转为深褐色时取出。浸泡时间一般为 1 ~ 3 天，但要视果实的大小、颜色深浅而定。果实取出后直接浸入亚硫酸硼酸保存液（1 份 1% 亚硫酸和 1 份 2% 硼酸配成）中保存，可保持果实原有色泽。

3. 黄色、黄绿色标本的浸制

方法如下：

（1）0.3% ~ 0.5% 的亚硫酸溶液 1000mL，95% 的酒精 10mL，40% 的甲醛 5 ~ 10mL 混合液直接保存黄色材料。

（2）植物的黄色或黄绿色部分，如马铃薯、姜、梨、苹果、金橘、黄金瓜、黄番茄等，把标本浸入 5% 的硫酸铜溶液里 1 ~ 2 天取出后用水漂洗干净，再放入由 30mL 6% 的亚硫酸、30mL 甘油、30mL 95% 的酒精和 900mL 水配制成的保存液内浸泡保存。如果浸泡果实，应在浸泡之前先向果实内注射少量保存液。

四、浸制标本的保存

1. 按标本的大小选择标本缸或标本瓶，并备好缚扎标本的玻璃片。玻璃片用四只橡皮凹脚，嵌入玻璃，固定在瓶内。

2. 用玻璃片把瓶中材料固定，以免加入药液后材料自行上浮。

3. 把配制好的保存液加入玻璃瓶中，让标本充分浸渍，把瓶盖紧。

4. 待标本没有气泡逸出，即用蜡密封。

5. 贴标签纸：用碳素墨水书写名称、产地、制作日期、制作人等，并贴于标本瓶的上方，为防止污损标签，在其外涂上少许乳胶。

6. 因阳光照射会使浸制标本褪色，应将标本放入标本柜中或阴凉避光处。冬天还要注意防冻。

新制作成的浸制标本可能还有一些色素和杂质析出，会使保存液变色、变浊。因此，在标本制好后的两周内，暂时不要封口，一旦保存液变色、变浊，应及时更换，在更换保存液后，为防止标本发生霉变和液体挥发，要及时封口，封口可采用以下几种方法：

（1）石蜡法　将 1:1 的石蜡和松香在 52℃ 下熔融后，加数滴甘油即可作封口胶，趁热用毛笔蘸取涂在瓶口和瓶盖连接处。

（2）透明胶带纸法　这种方法多用于方形标本瓶。由于这种大瓶盖与瓶口往往不合缝，采用此法封口，既严密，又干净美观。

（3）破乒乓球溶解法　将乒乓球剪碎放入密封玻璃瓶中，再加入工业用乙醚或丙酮（用量为碎块体积的一倍左右），经 2~3 天后，摇匀使之溶解成浆糊状，即可用于封口。

【实训报告】

1. 简述绿色浸制标本保绿的原理。
2. 采集植物标本时，应注意哪些问题？
3. 观察并描述自制的植物浸制标本的形态与颜色。

索 引

主要参考书目

1. 中国植物志编辑委员会 . 中国植物志 ［M］. 北京：科学出版社，2004.

2. 中华本草编委会 . 中华本草 ［M］. 上海：上海科学技术出版社，1999.

3. 中国科学院植物研究所 . 中国高等植物图鉴 ［M］. 北京：科学出版社，1976.

4. 刘春生 . 药用植物学 ［M］. 北京：中国中医药出版社，2016.

5. 谈献和，王德群 . 药用植物学 ［M］. 北京：中国中医药出版社，2013.

6. 杨春澍 . 药用植物学 ［M］. 上海：上海科学技术出版社，1997.

7. 姚振生 . 药用植物学 ［M］. 北京：中国中医药出版社，2003.

8. 袁国卿 . 药用植物学 ［M］. 郑州：河南科学技术出版社，2017.